国兰名品赏鉴

春兰 莲瓣兰 春剑兰 蕙兰

[上 册]

许东生 主编

中国林业出版社

编委会名单

主编：许东生

编委：谭福台　古明仲　黄　毅
陈素文　陈日明　陈茂强
许　悦　许　杰　许　奇
张劲夫　李绍忠　卢昭阳
丁天奇　林中燎　李成亚

图书在版编目（CIP）数据

国兰名品赏鉴．上册 / 许东生主编．
— 北京 ：中国林业出版社，2010.9
ISBN 978-7-5038-5978-6
Ⅰ．①国… Ⅱ．①许…
Ⅲ．①兰科－花卉－鉴赏－中国
Ⅳ．① S682.31

中国版本图书馆 CIP 数据核字(2010)第 209210 号

出版：中国林业出版社
（100009　北京市西城区德内大街刘海胡同 7 号）
E-mail：cfphz@public.bta.net.cn
电话：83286967

发行：新华书店北京发行所
印刷：中国农业出版社印刷厂
版次：2011 年 1 月第 1 版
印次：2011 年 1 月第 1 次
开本：889mm × 1194mm　1/16
印张：10.5
字数：300 千字
印数：1～5000 册
定价：68.00 元

前 言

碧青娟丽数国兰，秀外慧中傲骨坚，不与群芳攀艳色，幽香萦绕醉心田。
国兰品种数不尽，哪能逐一来种栽，盼有群兰花照集，翻赏似觉香犹在。

广义的国兰，指中国产的，或由中国人创育而成的所有兰科兰属植物。本书所述的国兰系指自古以来，我国民间广为栽培，广受赞美，统称为兰花的，具有洒脱的秀叶，秀丽的花朵，清醇的花香，又有高雅神韵的7种兰科兰属植物——春兰、莲瓣兰、春剑兰、蕙兰、建兰、寒兰、墨兰，及其变种。此外，还涵盖了特性可贵的，可作为园艺育种亲本的：莛高、瓣厚、色艳的豆瓣兰；种子萌发率高的珍珠矮；耐热、耐旱的落叶兰；株可多叶的套叶兰等地生根国兰。

兰花名品在爱兰者心目中犹如活的文物、宝物。已经获得的，朝夕把赏，如关爱孩童般地呵护；尚未得手的，心仪佳人，魂追梦绕。因此，爱兰人首先是希望能将这些名品和新优品的彩照收集到手。这样，虽然不能真实拥有所有的名品，至少可以略慰自己的爱慕之心，同时也为自己的下一步追求打下基础。这，即是爱兰者的心声，也是编者之初衷。

为满足广大兰友赏兰、爱兰之需求，笔者试图将各种国兰的名品、新品一一收录，然中国之大，资源之多，南北东西，地缘广阔，全国各地兰展年年举办，新品层出不穷，已不是区区一两本书可以囊括。因此笔者本着重新、优、奇异品而不薄传统名优品的理念，于是，从多年来拍摄积累起来的兰照和各地兰友热情提供的近两万幅兰照中，遴选出1400余幅，依种类分组，按观赏性分类编排，组纂成书。各幅兰照的简介与点评，力求客观和规范，既可方便诸君查阅、了解各类国兰的风采，也可作为研究、鉴赏、核对品种的参考。

品种的花照，如同人的身份证照片，是确认该品的依据，固应力求无误，避免以讹传讹。然近年来各地新品层出不穷，即使是最资深的兰家也很难搞清楚已有多少品种；再者花的开品随栽培技术条件而变化，同一品种有时会开出不同样花；加之，互连网的普及，网上兰花交换之便易，使得即便是刚下山的品种，也会很快传到千里之外。同一品种被不同的兰家冠以不同名字的，历来均有。编者才疏学浅，有不少无缘见到实物的芳容，仅能反复细看栽培者提供的兰照和信息，而琢磨出一个大概，尔后征询行家、或电询兰友、或查考核对，反复推敲，尽力而为之。本书分上下两册，上册介绍春兰、莲瓣兰、春剑兰、蕙兰，下册介绍建兰、寒兰、墨兰及其它几种地生国兰。本书的编写不为哗众取宠，仅为抛砖引玉，其中疏漏和谬误，敬请诸君不吝批评赐教，以求共同在实践中认识、提高。

本书的付梓，有赖于《魅力兰花》编辑部和各地众多热心兰友的鼎力支持与帮助，也有赖于诸位编委同仁和中国林业出版社的编辑同志的辛劳。书中有数十张照片转引自中国兰花网、易兰网、云南兰花网、玉溪兰花网、中国兰花交易网、浙江兰花网等网站，在此表示衷心的感谢。

编者

2010年6月

目 录

国兰鉴赏概论

中国的花卉文化和中华民族的历史一样渊远流长。西方人以至国人中的业外人往往不很理解：兰花那小小的素色的花朵为什么能令如此多的人神往。其实，这正是中国文化内涵丰富的魅力。中国有十大传统名花，综观这十大名花的鉴赏角度，可知它们各自代表了中华民族民族情节的一个方面。如，牡丹代表繁荣、富贵，有如盛世欢庆之礼花；梅花代表高洁、坚贞，有如傲雪之青松；菊花代表山野、田园，表达了人们退隐山林、回归大自然怀抱的情素；杜鹃代表啼血，表达了人们面对强暴宁死不屈的勇敢……兰花则代表清幽，是一种大隐隐于市的境界。中国花卉文化蕴涵的是中国人爱好和平、顾全大局，追求美好生活的愿望和面对邪恶势力绝不低头的气节。即使是邪恶当道，国人也会像兰花一样坚守节操，所谓："举世混浊吾独清"，绝不同流合污，以待天理昭彰之时。

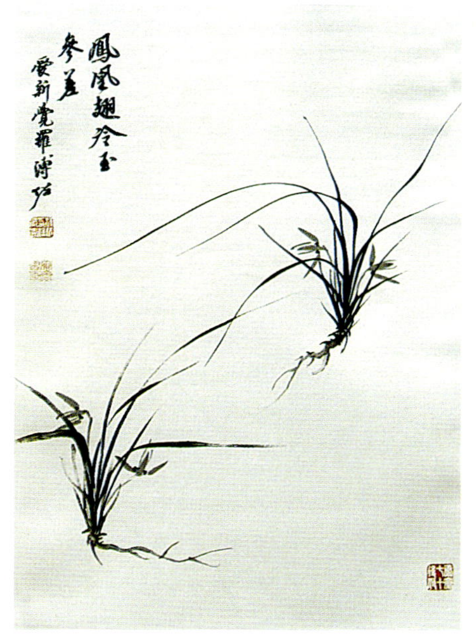

爱新觉罗 · 傅仪 绘画

中国的哲学，追求的是天人合一的理念，体现到文化上便出现了将自然之物人格化。借物以名志，是中国的诗歌、绘画、艺术中常用的手法。对国兰的鉴赏是我国灿烂文明的一个组成部分，它和中国的赏香文化、绘画艺术，甚至书法、诗歌均融汇在一起，定格了一种独特的审美范式。中国画往往画中无人物，只见山水；无文字，只有形象。即使是在"文字狱"的黑暗年代，人们依然可以通过画来名志。

古人爱兰，是崇尚它"洁身自爱，不哗众取宠，不奴颜婢膝""富贵不能淫，贫贱不能移，威武不能屈"的恪守。因此，国兰的赏品，是从赏香(清远)、赏叶(修长)、赏姿(格守)、赏素色(素雅）开始的。从北宋至民国的几百年中，赏兰都是遵循的这个准则，并不断深化着它的内涵，留下无数脍炙人口的故事，也形成了一整套品赏的标准、格式。

兰花是十大名花中唯一一种可以常年种养于厅堂、置于案头的花卉。也就是说，它是我国最早的室内观赏花卉之一。盆兰的栽培使得人们一年四季都可以观赏它那碧绿光泽、交搭错落、飘然有序的叶株。是对兰叶的描摹推进了国画的发展，还是兰叶的飘洒正好符合国画的审美，亦或者两者兼而有之，这些，我们今天已难以深究。我们可以看到的是：兰叶的线条与中国画的重线条美恰然融合……

对于花朵的鉴赏，用兰界的话来说，叫做“把赏”。世界上美丽的花朵中，有些只适合远看——姹紫嫣红，烂漫一片。兰花却是一种精致到可以用手来捧着把赏的花朵。经人们精心选育出的优良品种，外瓣、内瓣、舌瓣、蕊柱……每一部分都耐人寻味。以春兰的宋梅为例，小小一朵冷色绿花，色美如玉，圆润可爱，令人百看不厌。可以说，初学者赏兰当由宋梅起步，看过高标准的宋梅的人，方能理解国兰“美”之精髓。再看其他品种时就有了以此为对照的基础。先看懂梅瓣花，理解一些术语后再去看荷瓣花，便会进一步理解“千梅易得，一荷难求”之说的道理。

中国兰花是一个笼统的概念。实际上它只指兰属中地生根、花有香气的7个种之数万个品种，以及兰属中其他几个地生根、花有香气的种的少数品种。这10来个种的兰属植物在民间通称为、国兰。国兰并不包括附生兰。

我国地域广阔、自然条件复杂多样，由于地理分布的不同，各地所产兰花的生长条件及习性也略有不同，不同地区适合生长和栽培的种类也不尽相同。我国目前流行的国兰赏评的标准源于近代经济发达的长江下游江浙地区。这一带主产春

宋梅的开品种种（照片引自网络，栽培者不详）

荡山荷

龙字（清馨兰园）

兰和蕙兰，故而由对春兰、蕙兰的鉴赏形成了一套品评标准或称学说，应用最广的是“瓣型学说”，其他还有针对蕙兰的“看壳要诀”以及对“舌”“捧”“鼻”等各部分的品赏名词术语等等。

传统的瓣型理论崇尚正格花。认为瓣型花中以梅瓣、荷瓣且花瓣短圆、中宫圆整、瓣型紧凑、分布匀称者为上品；水仙瓣及梅型水仙、荷型水仙等各种介于中间的为中品；其他瓣形细长、近乎常花，或肩瓣下垂、歪斜的为下品，称为行花、草。

现代的赏兰观念在传统标准的基础之上，增加了对新、奇品的追求。因而崇尚的范围从正格花扩大到变格花。变格花即花的各部分产生出格变异的花。如花瓣在原有基础上增生或减少的奇花；外三瓣(即萼片）蝶化的肩蝶花；捧瓣蝶化的捧蝶花；内外都蝶化，甚至增生花瓣也蝶化的奇蝶花等等。现代的赏兰观对变格花中各部姿态美观、布局均衡、色彩艳丽协调的均视为佳品。尤其难得少见的便视为上品。兰花花朵的变异类型之多，实在令人惊讶，近20年来不断有奇绝品种涌现，不由得爱花之人眼花缭乱。尤其奇蝶花品种的不断展现和被人们推崇，说明人们对国兰的欣赏中融入了对社会繁荣昌盛的企盼。正好迎合了太平盛世，生活蒸蒸日上，广大人民的情素。

对于国兰花色的欣赏，传统是以白色、绿色、黄色的素色花为上品。因为自然界的国兰大都披挂有红色或杂色条纹，无条纹的个体便显得素净、秀雅。这，一是物以稀为贵的理念；二也受中国玉石文化理念的影响。中国人视玉石为高贵的宝石，故而如玉石般润泽的白色和绿色花的兰花尤其受到人们的喜爱。至于红色等艳丽色彩，不是传统国兰文化追求的，人们把对红色的审美留给了其他更大、更耀眼的花卉。不过，在我们的近临韩国，他们更流行全花菊黄色、金黄色、红色、桃红色、紫色以及两种或两种以上艳丽色彩搭配的花，也称色花。韩国的兰友，喜欢选育色花，这

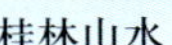
桂林山水

锦上添花

也逐渐地丰富了我国兰花爱好者的审美观念。

国兰中对兰叶的追求，原本也只是欣赏它弯垂的姿态，交搭错落之韵致，后来出现了叶片中带金黄色线条的线艺品种（如建兰中的金丝马尾），因其色彩辉煌，寓意富贵吉祥，故也顺理成为人们喜欢的珍贵品种。中国兰花传到日本后，约在200年前，在日本选育出了一个叫做“加冶屋”的建兰线艺品种，且价格居高，从而引发了日本种养兰花之热潮，并开始了将兰花作为高回报之商品来投资和生产的商业行为。自19世纪末开始，我国的墨兰由台湾传入日本，日本气候寒冷，墨兰不易开花，因而成为专门赏叶的花卉，人们发现不论在叶姿或在艺变上，墨兰都比建兰要好得多，因此开始收集墨兰之花艺铭品及线艺期待品，这种风潮一直延续到20世纪上半叶。自20世纪下半叶，这种对线艺兰的追崇又反馈到我国台湾、香港、广东等地，继而扩大到各类兰花。与此同时流行的赏叶品种还有以袖珍为奇的矮种类，以叶片出现晶体而扭曲、型变的水晶艺类等。20世纪末，我国广东的兰家发现了奇特的图斑艺品种，兰叶上的斑纹特色可以通过无性繁殖世代相传，虽然植物学界对它的形成原因还没有找到答案，但大自然造就的独特的艺术品因其客观存在的现实成为爱兰者的新宠。之后，兰叶上有如萼片、花瓣唇瓣化艺变样的叶蝶艺兰又迎得爱兰者新一轮的追捧。

兰花是世间独有的人格花卉，它不仅有“不以无人而不芳，不因清寒而改节”的淡泊精神与超脱品格；又有能与众草木为伍，连根部的共生菌也能包容、相安共处的胸襟；更有为适应生态环境的变化而不断异化、不断包装自我之拼搏精神。兰花不仅是株叶会不断异化，连花形、花姿、花色也在不断地异化。这，不仅迎合了人类文明发展的需求，也丰富和发展了品评标准。

一、春兰篇

春兰是我国民间栽培较早，文化历史悠久，现存传统名品最多，栽培范围广、栽培人数多的国兰之一。兰花中的瓣型学说、以及品赏标准，大都是起源于对春兰、蕙兰名种特征的分析。

春兰（*Cymbidium goeringii*），为地生根兰，又称草兰、山兰、朵香、扑地兰等。它为亚热带产的兰属植物，在兰科植物分类上，被独列为兰组(Sect．Uniflorum)。

春兰在我国多分布于北纬25°～34°，海拔300～3000m。产甘肃、陕西、河南、西藏的南部与东部、湖北、湖南、安徽、山西、广西、福建、江苏、浙江、贵州、四川、云南、广东、海南、台湾等地的林缘、林中空地、灌木丛边、多石湿润山坡上。日本、韩国和印度北部及与我国云南省毗邻的越南、老挝、泰国、缅甸北部，与西藏毗邻的不丹、斯里兰卡、孟加拉国、尼泊尔等国也有少量分布。

春兰的肉质根粗如饮料吸管。假鳞茎稍呈小球圆形，完全包存在叶鞘内。花莛短（2～15cm），苞片却很长，常超过子房。莛花仅1朵，偶有2朵。花期2～3月，花径4～5cm。

春兰的多数花有很清醇的香气，但一方水土养一方物，我国东南部产的，花香最佳；西部和西南部产的，花香气不如东南产的好；而产自河南南部的信阳地区和湖北北部地带的花，多无香气，或香气甚微。春兰的花色以青绿、浓绿为主，也不乏黄、红、白、褐、黑和多色相间泛的复色。我国西部和西南部产的春兰花色最为丰富；而东部产的花色却稍逊于西部产的。

春兰株形小巧且秀美，花态丰富且灵巧，花香清醇且幽远，习性耐寒且稍耐热。它之所以受到人们的厚爱，除了因为它主产于我国人口最多，文化最发达的长江流域以外，也因为它同时具备了我国传统赏兰观念的几大要素。首先，它的叶片半弓垂，交搭错落，色绿而有光泽。国画中的兰叶画法，就是以春兰的叶片特征为基准创造的。春兰株叶的形姿与我国传统书房的家具、陈设，搭配最完美。其次，我国江浙一带产的春兰，花香最佳。第三，春兰植株低矮，花小巧，占空间小，很适合一般人家种养。其实这也是兰花为什么比牡丹、菊花、梅花更为普及的原因之一。爱兰者讲：小巧才可以捧在手心中把赏。第四，春兰耐寒，易栽培，在我国长江流域的许多传统民居的天井中都可以看到和盆栽葱、韭一样露天粗放种养的兰草。

1 梅瓣类

Meibanlei

梅瓣花：
梅瓣花花型相对较小而圆整，外三瓣形似梅花。外三瓣（萼片）短阔（长宽之比多在2∶1之内）、端圆、紧边、里扣、基收根，布局匀称；花瓣（捧瓣）端庄、短圆、起兜，合抱蕊柱；唇瓣（舌）端庄、短圆、质厚糯而不后卷。

春兰四大天王：
宋梅、集圆、龙字、万字

▲**宋梅** 本品于清代乾隆年间出自浙江绍兴王化乡宋家店。由宋锦旋选出，故名宋锦旋梅，常简称为“宋梅”。本品色泽青绿，收根细，五瓣分窠，中萼正圆，侧萼平肩头圆，三萼质厚缘薄，酷似镶白边状；花瓣为蚕蛾捧，合抱蕊柱；唇瓣短而圆正，微朝上仰，舌尖微起兜，尤如童子之刘海，故称刘海舌，舌面上有或无红点。它中宫圆整，花容端正，花形、色均为春兰梅瓣的佼佼者。因此被誉为“四大天王”之首，还被誉为“春兰四大家”“江浙四大名花”“春兰老八种”之首。无花时，宋梅的叶姿、叶色也非常秀美。健壮苗出芽率高，数百年来深为爱兰人珍藏，至今已成普及的收藏品种。

本品可因组培繁殖和生态条件优劣而有差异，兰草健壮时易起双苞并蒂花。兰株长的特别健旺，开的花自然也大，但多为梅型水仙瓣；兰草矮壮的（长20～25cm），较易开出典型的梅瓣花。

江苏 单家欣栽培

▲**集圆** 本品于清代咸丰初年，由浙江余姚的张圣林选出。三萼结圆，故名集圆。又名老十圆。为春兰“四大天王”“春兰四大家”“江浙四大名花”“春兰老八种”之一。它萼片稍长圆，较宋梅略逊，分窠蚕蛾捧，小刘海舌。花容端庄，花期长，花莛有红、青两种。开品好的为梅瓣花，有时也会开出梅型水仙瓣花。它老叶斜垂，心叶格外细狭，叶钝尖，叶鞘低，叶片与苞片绿中略泛微红。植株健壮，容易开花，繁殖也快，为春兰中流传最广泛的品种。

浙江 郑普法栽培

▶**贺神梅** 本品为春兰平肩之高品位梅瓣花，被浙江兰界评为“春兰老八种”之一。于1912年选出，产于浙江省余姚市之鹦哥山，故又名“鹦哥梅”。它新芽浅紫红色，叶宽近1cm，长近30cm，斜立叶态，色翠绿而有光泽，端钝尖；花莛细圆高拔，浅紫红色，莛顶泛绿晕；苞片玫瑰红色；三萼短圆，紧边，收根，一字肩，偶有飞肩开品。分窠观音捧，捧内有红彩条纹。刘海舌端庄，舌面有淡红点。

浙江 王克建栽培

▲**万字** 本品系清代同治年间于浙江嘉兴鸳湖选出，故称“鸳湖第一梅”。后为杭州万家花园所有，遂称为“万字”。它三萼圆头紧边，瓣质厚糯，肩平，色翠；分窠蚕蛾捧，捧尖有微红小点；小如意舌。莛高，苞片微红。半垂叶，深绿色。被誉为“春兰四大天王”之一。

浙江 郑国梁栽培

▲**小打梅** 据说，本品于1876年前，在苏州花窖选出。大虎、小虎兄弟因争购本品而到县衙打官司，故而得名。笔者认为该名虽为纪实，但在客观上宣扬着不和谐、不吉利的因素，也贬低了该兰的高雅。建议取《兰蕙真传》述，根据本品产在浒关小溪林野，选育人为李氏，而更名为“小溪梅”。这样既可还该兰之清白，也较符合本品小式花之实际。以供大家参考。

本品三萼较短圆，白紧边，收根细，瓣肉厚糯，中萼前倾，肩萼略垂；分窠蚕蛾捧；圆舌。

花容端庄，中宫结圆，色彩秀丽，被江浙兰界列入“春兰老八种”之一。

浙江 郑普法栽培

◀**绿英** 本品于清代光绪年间，由苏州顾翔宵选植，后归吴恩元先生栽培。顾氏依其绿花和深绿莛、绿苞片命名为“绿英”。它为斜立半弓垂叶态，新芽紫绿色，叶阔质厚，色浓绿而有光泽。三萼长脚阔圆头，紧边，基收根，中萼遮阳态，侧萼斜垂，端上翘；分窠蚕蛾捧；大如意舌，舌端面缀有并列3个红圆点。深绿、细长的花莛为本品的一大特色。

浙江 凌华栽培

▲**养安**
本品于1912年由浙江省绍兴市的钮养安选出。以选育者之名为名，恰富有吉祥之寓意。它叶芽呈玫瑰红色，中高叶，中宽叶幅，为斜立半弓垂叶态，叶质厚色绿，叶齿细锐。淡紫色细圆高耸花莛，莛顶部转为翠绿色。三萼短阔，端圆，白紧边，细收根，中萼遮阳态，肩萼平举里扣态；分窠蚕蛾捧；刘海舌，舌面缀有别致的红斑。

沈渊如先生在其名著《兰花》中述：“养安”之花姿、风采足可与宋梅、西神梅相媲美。

浙江 王克建栽培

▶**桂圆梅** 本品于1912年由浙江绍兴的朱祥保选出。培育者认为本品不仅堪与“宋梅”相媲美甚至比“宋梅”还好些，故又名“赛锦旋”。

它斜垂叶态，色浓绿光亮，叶鞘低。三萼片短圆，平边，肩平，色净绿。分头合背式半硬兜捧，小刘海舌，舌面缀有鲜红点。本品箨壳无肉彩，花蕾透亮时，大都需要人工挑开，方能呈现花容端庄。本品被浙江兰界评为“春兰老八种”之一。

浙江 周大伟栽培

元吉梅 本品于1916年由浙江兰溪的陈元吉选育，后归杭州吴淳白栽培。它为斜立弓垂叶态。新芽紫红色。萼片长脚，圆头紧边，细收根，中萼稍前倾，侧萼微垂；分头合背半硬蚕蛾捧；如意舌。花姿至凋不变形，花守比“汪字”强。可是不甚容易开花。

江苏　单家欣栽培

冠姚梅 本品的出处有两种传说：一说系抗战前由浙江余姚王叔平选出；另一说，系1916年由浙江湖州的姚佐田选出。

据沈氏《兰花》载：“绿花梅瓣，三瓣大圆头，收根，紧边，肩平，蚕蛾捧，大如意舌。”从现有的花品照片看，肩萼过长些，为美中不足之一。另有一说，本品不易开花。不过这不成问题，可施予促花术助之。

浙江　郑普法栽培

吉字 本品于清代光绪甲申年（1884）由苏州的盛阿关在浙江天目山采得，为梅瓣花。后由嘉兴许霁楼培育。《兰蕙小史》载：“三瓣短圆，紧俏；分窠半硬兜捧心；圆舌，平肩，细长干，色深。品在万字上，时下极少。”后此品流失，现有的本品是由日本返销回来的。

从现有的该品花照看，与原先的黑白照均大相径庭。本照算较好的开品。但嫌其肩萼过长，不及梅瓣标准。这可能是本品原先量少，是先辈人用他品冒名卖给日本人；或是日本人搞错，以后返销我国时，将错就错；还是有其他流通环节出差错而致现有“吉字”不如古时的“吉字”，有待查考。

浙江　郑普法栽培

同乐梅 本品于1914年，由上海陆永丰手植。两年后不幸被窃。据《兰蕙宝典》载：“……岂知时逾73年后，竟有人以“新春梅”在中国兰花第二届博览会上获奖。”本品花莛细圆挺拔，色紫红，苞片水银红色。三萼蛋圆形，端圆，白紧边，基细收根，中萼前倾，侧萼近平举，略呈里扣态；分窠蚕蛾捧；大铺舌。花品端庄，花色翠绿。

福建　陈日明供照

▲**江南雪** 本品为1982年浙江杭州的黄小金先生从桐庐兰农手中购得。它花色翠绿，萼片结圆，萼端中心处有小尖凸，紧边、细收根；软蚕蛾捧，刘海舌，集梅瓣、素心、禅翼于一身，乃当世好花，不可多得。本品被列入“新老种”春兰名品行列。

本品的开品优劣差别极大，在长势欠佳时，花品如同蔡仙素；好的赛过知足素梅；特好的便为荷状梅瓣花。

浙江　王克建栽培

▲**千岛龙梅** 2003年浙江舟山下山新种梅瓣花。它萼片异常短阔如大蒲扇状，端圆、紧边，基细收根。中萼端庄略前倾，侧萼平举；分窠半硬观音兜状捧；大圆舌镶白边，双面缀鲜红彩，如盆火熊熊。绿萼片脉纹泛鲜红彩，红彩唇瓣衬雪白头捧。花容端庄硕大、红黄白绿交相辉映，秀丽无比。

《魅力兰花》编辑部供照

▲**何梅** 本品为新品梅瓣奇态花。选育历史不详。它株叶较长阔，叶姿活泼，叶色翠绿而有光泽。莛色褐红，苞片披紫红条泛深红晕。三萼格外短阔，姿挺飘如浪曲，绿嵌白覆轮，紧边，基细收根。中萼端立，姿曲皱成笔架形连峰，侧萼飞态，挺飘皱曲似波浪；分窠拱抱状，深观音兜捧；圆舌镶白缘，面缀深红斑彩。全花曲皱雅逸，神妙造化，巧夺天成，生机勃发。

《魅力兰花》编辑部供照

▲**仁海梅** 本品为高标准梅瓣花。于本世纪初，由浙江黄岩的一位兰农从舟山采得，后由台州的王德仁和新昌的潘海明共同投资、栽培，于2005年在浙江第七届（临海）兰花博览会上获金奖。本品为斜立半弓垂叶态，质厚色绿，断面“U”字形，花莛高出叶丛面，莛色紫红，苞片披紫红彩条。三萼短阔，呈匀形，紧边，细收根，中萼前倾，侧萼近平举，端略垂；分窠观音兜捧；白圆舌面缀斑近似红梅花，显得十分高雅。

《魅力兰花》编辑部供照

▲**黄梅**　浙江产梅瓣花新品。三萼蛋圆形，端圆紧边，基细收根，中萼微挺后端前倾，侧萼平举；分窠短圆兜捧，白刘海舌。黄色萼片、捧瓣，脉纹泛鲜红晕，花形端庄，雍容华贵。

《魅力兰花》编辑部供照

▲**奇珍梅**　浙江产正格梅瓣新品。三萼较阔大，端圆紧边兜扣，萼基收细，中萼前倾，侧萼上侧近平，端下垂，里扣态；分窠观音捧兜，如意舌。花容端庄，花色秀丽。

浙江　王克建栽培

▲**宝珍梅**　本品为正格梅瓣花新品。其萼片格外短阔，端圆阔、镶宽白覆轮，里扣成一对弓状，构成八字形，基细收根，里扣姿态；分窠半硬蚕蛾兜捧，大如意舌面缀一对鲜红块。

造型别致，凝香聚瑞。

云南　彭长荣栽培

《魅力兰花》编辑部供照

▲**天意梅**　浙江余姚下山的正格梅瓣花新品。三萼格外短阔，萼端缘向里兜扣成勺状，萼缘镶白覆轮，萼端中心处，各有个似鹦鹉嘴状的勾尖凸，萼基细收，中萼弧盖，侧萼平举里扣态；分窠半硬羊角状捧兜；白刘海舌中的双褶片异化成雪白馒头状。花形魁奇，花色素雅，颇具韵味。

浙江　叶华海栽培

▲**圆鼎梅** 浙江舟山产标准梅瓣花新品。三萼短圆阔，端圆紧边，基细收根，里扣态，侧萼近平举，中萼前倾；分窠观音捧；白大圆舌面缀点简洁而秀丽。

浙江 陈江栽培、《魅力兰花》编辑部供照

▲**廿七梅**
本品于1978年由浙江绍兴贾山头村的养兰老人孙廿七从漓渚镇大银岭山采得，命名为“廿七梅”，但当时少有人问津. 后由叶志庆购得，命名为“叶梅”。出名后又恢复其原名“廿七梅”。

本品新芽鲜红色，刚发出的新叶白头重。叶质厚实，长30cm，先端钝，叶姿半弓垂。花莛高，苞片紫红色缀绿彩。三萼片宽阔，瓣质厚糯，中萼片呈上盖状，两侧萼细收根，放角状，呈一字肩；软蚕蛾捧；刘海舌，舌面缀有红色斑块。花色嫩绿呈半透明状，形丰满，五瓣分窠，圆润光洁。花期特长，一般绽放30多天不变形。可惜繁殖不快。被列入江浙春兰“新老种”名品行列。

浙江 王克建栽培

▲**如意梅** 1993年浙江舟山出产的梅瓣花。三萼异常短阔而形圆。端圆紧边，基细收根，中萼弧盖状，侧萼近平举；半硬蚌壳状捧，白大如意舌面缀点简洁而红艳。

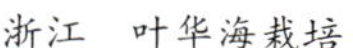

浙江 叶华海栽培

◀**珠源雄梅** 云南产春兰梅瓣花。萼片阔大，端圆、紧边，基细收根，中萼前倾，侧萼近平举；分窠蚕蛾捧；如意舌。花容端庄，色彩秀丽。

云南 张雄栽培
顾开顺供照

▶**素舌宋梅** 本品为宋梅的素洁白舌品。

福建 许东生、许奇栽培

▲**天龙梅**　浙江产春兰梅瓣花佳品。三萼长脚圆头，端紧边收尖，基细收根，中萼前倾微盖态，侧萼近平举，萼端略垂；分窠蚕蛾捧；如意舌，缀斑简洁。红花莛，红苞片，绿花泛黄晕，相映生辉。

浙江　王克建栽培

▲**定新梅**　本品于1984年由浙江舟山市的张根发在定海选出，取产地名和花品名为名。它为斜立半弓形叶态，长20cm，宽0.8～1.0cm，叶断面呈广“V”字形，新芽银红色。三萼较长阔，中萼蛋圆形前倾，双侧萼平举，端放钝角样，收尖钝，紧边细收根，近萼端有皱角并有浅黑斑；分窠蚕蛾捧；刘海舌。

浙江　叶华海栽培

▲**鼎梅**　三萼格外短阔圆大，端紧边兜扣如饭勺状，基细收根，中萼弧盖态，双侧萼平举里扣态；分窠蚕蛾捧；龙吞舌。花容端庄硕大，花色翠绿秀雅。

浙江　王克建栽培

◀**庆梅**　本品于1982年由浙江省绍兴市漓渚镇的叶志庆在嵊县对溪山采得。以其名与花品结合而为名。三萼长脚圆头，紧边，细收根；分窠蚕蛾捧；如意舌。花容端正，花色秀丽。

浙江　叶志庆栽培

▲**福鼎梅** 萼片长脚圆头，紧边，细收根，中萼前倾遮阳态，侧萼略下斜垂；分窠观音兜捧；刘海舌。唇根处的侧裂片与褶片初现雄性化，形态别致。

浙江 叶华海栽培

◀**金昌梅** 三萼格外短阔，端圆、紧边兜扣，基细收根。中萼前倾，略呈遮阳态，侧萼近平举里扣态；半硬观音兜捧，白大圆舌面缀6个鲜红点，十分醒目。

《魅力兰花》编辑部供照

▲**渝月梅** 近几年自重庆境内林野下山之春兰梅瓣花。三萼短圆阔，呈蛋圆形，萼端紧边，端中心处有小尖凸，基细收根，中萼前倾遮阳态，双侧萼平举；分窠半硬观音兜捧；大圆舌。花型硕大，雍容华贵，凝香聚瑞。

重庆 肖培荣、苏中明栽培

▲**天珍梅** 原名清源梅，为1982年浙江杭州的黄小金先生从桐庐兰农手中购得。它的株叶已出叶艺，花萼也明显有艺。萼片长圆形，端圆紧边，基细收根，中萼前倾遮阳态，侧萼落肩；分窠观音兜捧；如意舌面缀点别致。为浙江产春兰梅瓣花新优品。

浙江 郑国梁栽培

▶**红宋梅** 本品于1984年由浙江绍兴漓渚镇三社村的徐红跃从镇海亚浦林野采得。后卖给金定先、诸建华，曾取名为"红跃梅""天华梅"。后来，有人认为本品花形极似"宋梅"。由于本品的唇瓣除舌尖之外，皆泛红晕，而更名为"红宋梅"。三萼长脚圆头，紧边，收根，中萼前倾，侧萼平举里扣态；分窠蚕蛾捧；小刘海舌。

浙江 王克建栽培

▲**黔东梅** 贵州产春兰梅瓣花。它为斜立半弓垂叶态，花莛高10cm余。三萼短圆紧边细收根，中萼前倾，肩萼向下斜垂，里扣态；花瓣明显起兜；小圆舌。本品已正式登录，登录号118。

贵州 薛天民栽培

▲**海神梅** 四川产春兰梅瓣花。它三萼短阔，端钝圆，紧边，有小尖凸，基收根，中萼前倾，侧萼下斜；分窠观音兜捧；圆舌。花色青绿泛黄晕，网脉明快，龙鳞起伏，妙趣横生。

《魅力兰花》编辑部供照

▶**万寿梅** 浙江产春兰梅瓣花。它斜立半弓垂叶态，叶断面呈广“V”字形，花莛细圆高耸。三萼短阔而圆，端圆紧边，基细收根，中萼前倾，肩萼平举里扣态；分窠短圆兜捧；如意舌。瓣质白嫩晶莹，唇瓣基部和背部红彩如绢似锦，俏丽无比。

浙江 凌华栽培

▲**雪头梅** 四川产春兰梅瓣花。它花蕾大白头，花朵萼捧端也嵌雪白头，依此特征而为名。三萼短阔，端圆，大紧边，细收根，中萼前倾遮阳态，肩萼飞翘；分窠蚕蛾捧；龙吞舌。花容雅淡妩媚，清香四溢。

《魅力兰花》编辑部供照

▶**彩蝉** 四川产春兰梅瓣花。三萼长而阔，蛋圆形，圆头全紧边，细收根，中萼前倾，侧萼近平举，端微垂；半硬短圆捧；龙吞舌。三萼披红彩边，花瓣中心嵌红杠。花型硕大，着色妙丽。

四川 曾毅栽培

◀**龙禧梅** 浙江舟山林野产之春兰梅瓣花。三萼短阔，蛋圆形，端圆紧边，基细收根。中萼前倾，肩萼平举；硬捧；白大铺舌面缀一蛋圆鲜红斑。花容端庄，花色青绿，秀丽典雅。

浙江 叶华海栽培

▲**福梅** 为1981年文金昆先生从上海江阴路市场地摊中选出。又名祥兴梅。它斜立叶态，段面呈“V”形叶沟，叶芽浅绿色缀紫红色细脉纹。花苞苞壳浅绿色上缀紫筋。三萼长脚圆头，紧边收根，中萼遮阳态，侧萼平举里扣态；分窠观音捧；如意舌。花容端庄而优美，色绿底泛黄晕，绿脉明快，花心部红彩如火，格外雅丽。

浙江 王克建栽培

▲**月梅** 本品于2000年由浙江应惠龙自四明山林野采得。它为斜立环垂叶态，叶基紧企，为行龙奇叶品。花苞赤绿色，深紫筋纹明显，苞片浓绿有白头。三萼长脚圆头，紧边，收根；分窠软蚕蛾捧，刘海舌面缀一红点。

浙江 应惠龙栽培

▲**金兴梅** 浙江产春兰梅瓣花。花莛挺拔，三萼蛋圆形，端圆紧边，基细收根，中萼前倾，肩萼近平举，色绿底泛黄晕披红彩；分窠蚕蛾捧；小刘海舌。花容端庄典雅，花色艳丽，清香幽远。

浙江 王克建栽培

▲喆雨梅　浙江产春兰梅瓣花。三萼短阔，蛋圆形，萼端钝圆，中脉端嵌有鲜红点，萼基收细，中萼先挺而后前倾，侧萼近平举，略挺，脉纹明快，色绿泛黄；分窠蚕蛾捧兜；如意舌。

浙江　王克建栽培

▲九龙梅　浙江建德产春兰梅瓣花新优品，多次获全国兰展金奖。本品为斜立弓垂叶态，已出行龙叶。莛常开2朵花。萼片短圆，紧边，细收根；分窠蚕蛾捧；如意舌。花容端庄素雅，花香四溢。

福建　陈日明栽培

▲泉绿梅　1997年绍兴赵银泉发现于绍兴平水镇之春兰梅瓣花。它三萼格外短阔，形近球圆形，圆端中心有小尖凸，中萼前倾，侧萼平举，姿略挺；观音捧；刘海舌。花容端庄妩媚，花色秀丽。

浙江　王克建栽培

▼罗翠绒梅　1992年浙江姚恩龙在定海采得，花叶均翠绿色，为纪念母亲，故取名罗翠绒梅。它萼长脚圆头，紧边收根，中萼遮阳态，肩萼近平举，端斜垂；分窠蚕蛾捧；圆舌。花色翠绿泛黄晕，镶阔白覆轮，萼基中心处，披一丝红线段，格外别致。

浙江　王克建栽培

▲**天柱梅** 浙江产春兰梅瓣花。它三萼短阔，萼端紧边兜扣而有放角状，基细收根，中萼前倾，肩萼平举里扣态；分窠观音兜捧；刘海舌。花容端庄典雅，花色秀雅。

浙江 王克建栽培

▲**白轮梅** 四川产春兰梅瓣花。它三萼长脚圆头，镶白覆轮，端紧边兜扣而有放角态，基细收根，中萼前倾，侧萼平举，里扣态；分头合背蚕蛾捧；白大铺舌镶嵌珠链式红斑，格外别致。

《魅力兰花》编辑部供照

▲**祥瑞梅** 浙江产春兰梅瓣花。它为斜立半弓垂叶态，叶断面较平展，色绿而有光泽。花莛细圆高挺，色红。三萼短阔蛋圆形，中萼前倾，侧萼向下斜垂；立态观音兜捧；如意舌面缀红斑。花朵小巧端庄，雍容华贵，凝香聚瑞。

浙江 凌华栽培

▲**曾字** 四川古蔺近年下山的新品白梅。三萼格外短阔，端圆紧边，端中心处有微凸，基细收根，中萼前倾，侧萼近平举里扣态；分窠蚕蛾捧；龙吞舌根披红彩。花色雪白，基泛绿晕，萼端中心缀一对红点。造型优美，花色秀丽，花香四溢。为高品位梅瓣花。

四川 曾毅栽培

▲**红彩梅** 近些年自贵州林野下山的春兰梅瓣花。它为斜立弓垂叶态，中长阔叶，断面呈广“V”字形，质厚色绿而有光泽。红花莛，淡红披红条苞片。萼稍长而阔大，中阔两端收细，端钝圆紧边，中萼微挺而后前倾，肩萼略垂；分窠半硬圆棒；圆舌。花容端庄，花大瓣阔，红彩飞扬。

贵州 谢皓栽培

▲**文漪** 本品为上世纪80年代浙江富阳下山的梅瓣花佳品。它为斜立弓垂叶态，叶片厚阔，色翠而有光泽。莛细而较高，色淡绿。三萼蛋圆形，端圆紧边，基细收根。中萼遮阳态，侧萼稍平展端斜垂里扣态。分窠蚕蛾棒，白如意舌，舌面缀点红艳。2005年荣获“步森杯”浙江省海峡两岸兰花博览会金奖。

浙江 王克建栽培

▲**翠露梅** 本品为1993年自舟山六横岛下山的春兰梅瓣花，由杭州黄小金选出。它为斜立弓垂叶态。叶细而长，断面呈“V”字形。莛较粗而高，苞片披紫红筋纹。三萼大蛋圆形，端紧边，而有尖凸，基细收根，中萼前倾，侧萼近平举；分窠蚕蛾棒；如意舌缀粉红彩。花色翠绿，生机盎然。

浙江 王克建栽培

◀**中华一品梅** 本品株叶为黄色覆轮叶艺，其花为正格梅瓣花。

广东 陈少敏、福建 许东生栽培

▲**杓梅** 云南产春兰梅瓣花。它为斜立弓垂叶态，叶厚色浓绿，断面呈广“V”字形。莛粗而较高，色红，苞片绿。三萼为木制的粥杓状，端圆，基细收根；连肩合背式硬捧；大圆舌。花形独特，别开生面。

云南 孙智勇栽培

◀**永兴梅** 贵州新下山之春兰梅瓣花。它斜立弓垂叶态，叶阔而厚，色绿而有光泽，断面呈广“V”字形。莛绿而泛紫红晕，苞片色白绿披紫筋纹。三萼长脚大圆头，端圆紧边，基细收根，色淡绿疏披紫红纹彩，中萼直立，肩萼近平举；分窠挖耳勺状捧兜；如意舌。

贵州 谢皓栽培

▲**申绿梅** 浙江产春兰梅瓣花。它萼片长脚圆头，端圆、紧边，基细收根，中萼遮阳态，侧萼稍斜垂；分窠软蚕蛾捧；如意舌。花容端庄，花色翠绿。

浙江 林申燎栽培

▲**蜀林梅** 四川产春兰梅瓣花。它为斜立弧垂叶态，叶较长而狭，质薄，色翠而有光泽，断面呈广“V”字形，叶脉沟明显。花莛细圆而较高，苞片绿泛红晕又披紫红筋纹。三萼短阔而球圆，端中心处有微尖凸，萼缘紧边，细收根，中萼前倾，肩萼近平举；分窠观音兜捧；如意舌。

《魅力兰花》编辑部供照

◀**华德梅** 本品为新下山之春兰梅瓣花。它为斜立弧垂叶态，叶阔而厚，色浓绿。断面呈广“V”字形，叶脉沟较深。花莛粉红色，苞片淡绿披紫筋纹。三萼短而阔，端圆紧边，基细收根，中萼前倾，肩萼近平举；分窠蚕蛾捧；白如意舌，缀一对称红斑。本品特别之处是萼缘膜质化，透明、起皱。也许可进一步异化为蝶花或蝉翼花。

浙江 凌华栽培

2 荷瓣类

Hebanlei

024 〉〉〉 028
荷瓣类 〉〉〉 荷瓣类

荷瓣花：

荷瓣花花型一般较梅瓣花略宽大，外三瓣肥厚、宽阔，形似荷花的花瓣，其长宽比例以2∶1为佳，萼端必须有明显的放角（有些品种是萼片中段放角），萼基必须明显收细；花瓣（捧瓣）短圆，不起兜，形如微张之蚌壳，或如对峙之蒲扇；唇瓣阔大、丰满而端庄，形圆大者为佳，微卷亦可。

春兰四大名花：

宋梅、集圆、龙字、汪字

◀**迂公荷** 2001 年下山于浙江新昌天姥山，陈江选出，陈华锋命名，曾获2002年浙江省兰博览会金奖。叶态斜立，叶阔亮绿。花容端庄，中宫圆结，五瓣分窠。三萼放角收根里扣态；蚌壳捧；白大圆舌缀鲜红月牙形斑，格外别致。

浙江 寿济成栽培

▶**环球荷鼎** 本品于1922年从浙江省上虞县大舌埠山采得。据说，当时上海的郁孔照以800银元1盆买进栽培。与宋梅是高标准梅瓣花的代表一样，环球荷鼎为高标准荷瓣花之代表。它为斜立半弓垂叶态。叶质厚实，叶色深绿，新叶有光泽，叶尾常呈汤匙形。莛高10cm许，苞片水银红色，缀有紫色条纹，并有透明感。三萼短阔，厚实，端放角典型，端尖有细小尖凸，里扣态，基细收根。中萼前倾遮阳态或弧盖，侧萼近平举，端略下垂；分窠短圆蚌壳捧；刘海舌，舌面缀斑鲜丽。花色绿泛红晕，网纹明显，色绿、红、黄相映，斑斓艳丽。

福建 许东生，浙江 叶华海栽培

▲**姜氏荷** 云南产春兰荷瓣花珍品。本品花形花色兼优，堪为不可多得的春兰荷瓣花珍品。曾获中国第17届兰博会特别金奖。

云南 姜立人栽培

◀**紫霞宝鼎** 我国西部林野产之春兰朱红色荷瓣花。花容端庄，花色绚丽，为罕见的红色荷瓣花。

浙江 凌华栽培

▲**神话荷** 春兰荷瓣花佳品。白大圆舌面缀斑别致，似神话的图案，风韵不凡。

广西 陈刚栽培

▲**长乐荷** 本品为春兰高标准荷瓣花。系浙江嵊州市朱伟红于2005年11月自浙江会稽山采得。长乐镇兰友过小华栽培。2006年获嵊州市春兰展金奖。它为斜立弓垂叶态，叶质厚，色翠。三萼短阔，端放角、紧边，基细收根，里扣态；分窠蚌壳捧；白大圆舌面缀一鲜红块斑。萼、捧色翠，中脉基泛鲜红彩条。花容端正，中宫圆结，花色秀丽。

浙江 过小华栽培

▲**奇云荷** 云南近年下山的春兰荷瓣奇花期待品。它为高标准荷瓣花；中萼和侧萼基部均增生出含有合蕊柱的小花朵，有待于继续异化，将来会是盖世的荷瓣奇花珍品。

云南 孙智勇栽培

▲**黄盖** 云南产之春兰金黄色荷瓣花。花形端庄，雍容华贵。

云南 张雄栽培

◀**春玉荷** 本品为春兰荷瓣花。原名“皇冠玉荷”。它三萼短阔，端放角、紧边显著，基细收根；蒲扇捧；小圆舌。花容端庄，花色淡绿如玉。

福建 陈日明供照

▶周兴荷 近年下山的浙江产春兰荷瓣花。它三萼短阔，端放角、紧边，基细收根，里扣态；蚌壳捧；大圆舌。花容端庄，花色秀丽。

上海 金海木栽培

▲中角荷 春兰别格荷瓣花。三萼近似蚕叶形，萼基紧缩后，逐渐大放角，然后呈浪状缘收尖，可归入中段放角两端收根之荷瓣萼片；蒲扇式小短圆捧稍交搭盖于合蕊柱之上；金红色圆舌面缀鲜红空心圆斑，十分别致。它萼形独特，别开生面。

浙江 凌华栽培

▲粉孝荷 近年自我国西部林野下山之春兰粉红色荷瓣花。它花莛较高，三萼短阔，端放角、紧边，基细收根，里扣态；蒲扇式圆捧；白小圆舌面缀斑简洁而鲜丽。花容端庄，花色粉红，十分秀丽。

《魅力兰花》编辑部供照

▲华荷 新下山的浙江产春兰荷瓣花。三萼短阔，端放角、紧边，基收根，里扣态；蚌壳捧；白龙吞舌式唇瓣。中萼中脉披紫红彩。

浙江 凌华栽培

▲宝鼎荷 近年自我国西部林野下山之春兰黄色高标准荷瓣花。它三萼格外短阔，端放角、紧边，基收根典型；蒲扇式短圆捧；白大圆舌面嵌广“V”字斑。花型硕大，品相好，雍容华贵。

浙江 凌华栽培

▶长兴荷 浙江长兴县林野之春兰荷瓣花。它为斜立半弓垂叶态，叶质厚、色绿，中等长阔，端钝尖，鞘紧企。花莛高，三萼放角、收根，端缘紧边，中萼前倾，肩萼斜垂；蒲扇捧；大卷舌，舌端面缀鲜红“U”形斑。花色秀丽，清香幽远。

浙江 郑国梁栽培

▲**玉宝荷** 2003年四川乐山下山的春兰大型荷瓣花。它三萼异常短阔，大放角，细收根，端紧边，中萼前倾遮阳态，肩萼平举端斜垂；大短圆蒲扇捧；白大卷舌，缀斑鲜丽。花容端庄，花色翠绿。

辽宁 张宝玉、赵玉凤栽培

▲**涪源荷** 近几年自我国西部林野下山的春兰黄色荷瓣花。本品花形硕大。中萼弧盖状，肩萼斜垂，较长而特阔，中段明显放角，基收根，端钝圆紧边；分窠蚌壳捧；白大圆舌面缀二竖红斑。花格别致，雍容华贵。

《魅力兰花》编辑部供照

▶**素勺荷** 安徽产春兰素心荷瓣花。它为斜立弓垂叶态。叶长25cm，宽1cm，断面呈广“V”字形，端钝尖，叶姿常浪翻。绿白色花莛高耸。苞片白底披绿筋。三萼长脚，端放角紧边，呈勺形，中萼前倾遮阳态，肩萼近平举，端斜垂；蒲扇式蚌壳态捧合盖蕊柱；白大素卷舌。花容端庄，花色素雅。

浙江 叶华海栽培

▲**金太阳** 贵州产春兰荷瓣花稀珍品。被列为“贵阳十大名花”之一，曾获中国第11届兰花博览会金奖。它为直立高飘叶态。叶长20～30cm，宽20cm。花莛高。三萼短圆，质厚糯，放角收根，端紧边，中萼遮阳态，肩萼里扣态，萼色金黄嵌红色脉纹；蚌壳捧合盖；大圆舌面上缀有对称鲜红块斑。花容端庄，花色华丽，清香萦绕。

贵阳 刘正凤栽培，王政芳供照

▲**如意荷** 2005年底从浙江东阳下山，2006年3月复花的春兰荷瓣花。它三萼放角、收根，端紧边，中萼弧盖状，肩萼平举里扣态，萼质厚糯，色翠绿披红脉纹；分窠红彩蚌壳捧合盖蕊柱；白大刘海舌面缀鲜丽的大“U”形斑。

浙江 盛勇栽培

▲**高福荷** 近年从浙江宁波大松福佑山采得的春兰荷瓣花。它为斜立弧垂叶态，叶长48cm，宽1cm，断面“V”字形，色浓绿而有光泽。红色细圆花莛高18cm。三萼短阔，端放角、紧边，基收根，中萼遮阳态，肩萼向上弧翘；蒲扇捧；大铺舌。

上海 孙德群栽培

▲**英秀荷** 河南新下山之春兰荷瓣花。它为斜立半弓垂叶态，叶姿常浪翻。叶长30cm，宽1cm，端钝尖，断面呈广“V”字形，质厚、色翠，富有光泽。红花莛高10余cm。苞片粉红色。三萼短阔，厚糯，放角、紧边、收根，中萼遮阳态，肩萼先斜垂，后略上扣态；蚌壳捧；大卷舌。本品外观极像大富贵，花容端庄秀丽，但花香甚微。

浙江 叶华梅栽培

▲**王氏荷** 贵州产春兰荷瓣花。本品最大的特点是：萼、捧缘的紧边特别显著；莛花2朵。

贵州 王政芳栽培

▼**黄金大富贵** 大富贵是春兰荷瓣花的典型代表种，曾被列为“春兰四大家”之一。原品为20世纪初选出。至今有说与“郑同荷”为同物异名；有说是异物异名，仍有争议。斜立弓垂叶态，叶较阔，端钝圆，有的呈汤匙状，有的叶会翻扭，壮苗株叶可有5～7枚。它花蕾硕大、短圆，苞片浅紫红披深紫红筋纹。花莛高10cm许。三萼片短阔，端放角典型，细收根，质厚实糯润，色净绿，披绿筋，挂紫中脉，中萼遮阳态，肩萼近平里扣态；短圆捧；大刘海舌。花品端庄，富丽堂皇。

本品在原品的基础之上株叶已出黄色爪艺（有的已出中透艺）。

广东 陈少敏栽培

3 奇蝶类

Qidielei

奇蝶花：
奇蝶花是从传统的“奇瓣花”中的蝶瓣型中分离出的一种多瓣型蝶花，如“牡丹瓣花”。它是指多瓣奇花中的萼捧(包括增生部分)及合蕊柱分裂异化成的小花瓣，出现部分或全部蝶化(唇瓣化)的兰花朵。

春兰新老种：
知足素梅 江南雪、廿七梅、金华梅、红宋梅、黑猫、大元宝、小元宝、虎蕊、多朵蝶、蝴蝶龙、五彩蝴蝶、千岛之花 碧瑶、昌化梅、奇珍梅、定新梅、黑虎

▲**中华宝鼎** 浙江产春兰奇蝶花，曾名“五星奇蝶”。它的花瓣完全唇瓣花，并与唇瓣同形同色；唇瓣也同时增生，并为百合花样排列。寄寓如意吉祥。

浙江 梁宜正栽培

▲**金云牡丹** 浙江产春兰牡丹型奇蝶花。它的唇瓣大量增生，呈环状排列；合蕊柱高度分裂异化成多个木耳状的小花瓣，十分壮观。

浙江 潘金辉栽培

▶**宫中奇蝶** 本品采自浙江舟山群岛林野，栽培3年，性状稳定。猫耳态捧下与肩萼之间，增生1对飞翘态过半唇瓣化捧；唇瓣趋于退化；平肩绿彩花上，合蕊柱分裂叠生。构图独特，多而有序，奇而有格，风仪秀具。

浙江 应惠龙栽培

▲**天娇** 浙江产春兰奇蝶花。它萼片增生；花瓣部分唇瓣化；唇瓣增生两个；合蕊柱分裂，其基部有小花瓣增生。布局有序，动静相济，多色交相辉映，风采不凡。

浙江 王克建栽培

▲**豪华牡丹** 云南产春兰重台式奇蝶花稀珍品。本品的合蕊柱反复拔高，逐级形成奇蝶花。集树型、多瓣、多舌和花瓣唇瓣化于一体。它的花姿端庄而不失活泼，花色翠绿而不乏五彩。神州造化，巧夺天工，风姿婉妙，神韵超凡。

云南 李映龙栽培

▲**富蝶** 本世纪初浙江宁波下山的春兰奇蝶花。本品曾名苗蝶，现以选育者之名为名。它的合蕊柱初现异化；唇瓣增多；花瓣完全唇瓣化，并与唇瓣同形同色，排列对峙，色彩绚丽。

浙江 胡富棠、梁宜正栽培

▼**乌蒙蛟龙** 贵州产春兰牡丹型奇蝶花。它的合蕊柱分裂异化，而有多萼、多花瓣（有的已有部分唇瓣化）、多唇瓣之奇观。花形犹似龙头，惟妙惟肖，寄寓吉祥如意。

贵州 卢昭阳栽培

▲**多朵蝶**（上中图、上图） 1987年绍兴叶志庆在福建政和县铁山区采得，又名清云奇蝶。它为斜立弓垂叶态。中阔厚叶，色绿沟深。花莛较粗圆而高出叶丛面。苞片浅绿披紫红条纹。莛上密生2朵花。外三瓣收根放角呈荷形，质厚，色翠，披紫红条纹；唇瓣与合蕊柱多个，蕊柱基部长出许多雪白小舌，犹如珍珠般，格外别致。最多时有18～21片大小不等的舌瓣，花瓣多达10余片并有部分唇瓣化。令人赏心悦目。

浙江 梁宜正栽培，上、中图照片引自中国兰花网

▲**丹枫白露** 四川产春兰奇蝶花。它萼、捧挺飘；唇瓣增生多枚，呈单侧依序弧状排列；合蕊柱分裂异化成许多木耳状，有部分唇瓣化的小花瓣，组成花球。造型别致，富有时代感。

《魅力兰花》编辑部供照

▶**锦绣中华** 四川产春兰奇蝶花佳品。产于四川古蔺县，1997年下山。它的花萼、捧已近完全唇瓣化；合蕊柱也分裂异化成唇瓣样的花瓣；形成近10枚唇瓣样花瓣，分层近似辐射对称排列。花容硕大而丰满，花色丰富而绚丽，如一簇簇绽放的礼花。

四川 曾毅栽培

▲**大观奇蝶** 重庆梁平县大观山产春兰奇蝶花。它合蕊柱分裂，柱基增生有部分唇瓣化的小花瓣与大花瓣。花容恰似一对情侣在幽会，令人欣羡。

重庆 邓明星栽培，苏中明供照

▲**古蔺牡丹**(左图、上图) 四川产春兰奇蝶花，1983年下山。由一王姓兰友选出，为春兰朵香系列大型牡丹瓣花，最初取名"古蔺奇蝶"后称"钟情牡丹"，也有人称"古蔺四喜""红芙蓉"。它的合蕊柱已分裂异化成张开的笑口状；花瓣唇瓣化；唇瓣大量增生、叠生并呈弧曲状偏单侧排列。花形硕大，曲线排列。色彩绚丽，花形稳定。在全国及各省的兰展上多次获金奖。

《魅力兰花》编辑部供照、上图照片引自易兰网

▲**新四喜蝶** “四喜蝶”约于20世纪20年代发现于江浙一带。《兰蕙小史》曾有记述：它的萼片增一，唇瓣增三，各合为四，并呈“X”形排列，捧部分唇瓣化。本品“四喜蝶”，萼片增二，唇瓣增四，各合为五。捧瓣仍有部分唇瓣化，合蕊柱，比以前更加异化。这说明观赏植物的形态也在不断地变化着，有如人一样，存在青出于蓝而胜于蓝的事实。

广东佛山　天姿园艺栽培
照片引自中国兰花交易网

▲**绿蓉牡丹** 四川产春兰奇蝶花。它莛花二朵。合蕊柱高度分裂异化成众多长短不一、形态各异的小花瓣，云聚于增生唇瓣之上，大有舌上花又花之美感。花姿活泼，花色秀丽。

《魅力兰花》编辑部供照

◀**绿丹云露** 四川产春兰奇蝶花。它的合蕊柱分裂成多个，在合蕊柱之上增生两个屏风状的花瓣，之下增生许多木耳状小花瓣，共同构成舌上花。在合蕊柱下侧增生一对向前垂翘的过半唇瓣化的花瓣；与增生小唇瓣紧挨而生，共同构成下朵花。构图独奇，花色绚丽。

四川　曾毅栽培

▶**龙蝶** 浙江产春兰奇蝶花。本品叶片已出线艺。由于它的合蕊柱分级拔高并分裂异化，而成三重台样之奇蝶花，花容略似龙头而为名。

浙江　凌华栽培

▲**繁星** 四川产春兰花序异化型之奇蝶花。从某些春兰花莛顶端尚存退化后残存的花蕾痕迹看，远祖的春兰，莛花不止一朵。本品莛顶聚生3朵多舌或部分唇瓣化花瓣之奇蝶花，一改兰花的总状花序，而为伞形花序。乃属罕见。花形丰硕，富丽堂皇，寄寓兴旺发达，吉祥如意。

《魅力兰花》编辑部供照

▲**天彭牡丹**
四川产春兰奇蝶花佳品。它的花瓣近完全唇瓣化；合蕊柱分裂异化成唇瓣化的大小花瓣，组成花中之小花；唇瓣大量增生，白底上带有两条桃红色条纹，向外飘逸翻卷，格外壮观。2000年3月，在第十届杭州全国兰花博览会获金奖。此后多次在各地兰展上获金奖、特金奖。

《魅力兰花》编辑部供照

▲**晓峰奇蝶** 贵州产春兰树型奇蝶花珍品。本品子房依次拔高，并在节处分生小花莛和萼片。其花莛顶端与分生小花莛顶端开多瓣奇蝶花。一个主花莛可分生5～9个小花莛。真是繁花似锦，格外壮观。

重庆 文晓峰栽培

◀**泸州牡丹** 四川产春兰多舌型奇蝶花。本品的唇瓣因子格外充盈，增生多枚，呈两重叠起，其萼片已有部分唇瓣化。构图独特，花色艳丽。估计本品有可能出叶蝶艺。

四川 曾毅栽培

◀**兴旺奇蝶** 我国西南地区产之春兰奇蝶花珍品。它除了花瓣与唇瓣增生而使花容丰满多彩外，合蕊柱因子格外发达，分裂异化，分陈四周各个瓣间，似多朵奇蝶子花聚生。寄寓民族和事业兴旺发达，风韵卓绝。

四川 曾毅栽培

▲**乌蒙牡丹** 20世纪末贵州毕节地区下山的春兰多舌型奇蝶花佳品。曾以乌蒙奇蝶、古蒙奇蝶、七彩云南等许多名字参展或被杂志、图书刊登。它的三萼片为竹叶瓣，淡绿色，有红覆轮，飘逸或向下翻卷；捧瓣唇瓣化达3/4，并大量增生，可多达9片，分层环排；合蕊柱分裂异化成花菜状。花容硕大，花姿活泼，花色绚丽，风采不凡。该花具有易栽培，抗病虫害能力强，着花率高，发芽率极强等诸多优点。开品好的花，外三瓣也有部分蝶化。

四川 曾毅栽培，照片引自浙江兰花网

▲**金碧牡丹**
我国西南地区产之春兰奇蝶花佳品。它萼片增生，色金黄；花瓣增生，并部分唇瓣化；唇瓣也增生并与花瓣同形同色；合蕊柱分裂异化成木耳状小花瓣；花朵内轮颇似飞翔的花蝴蝶，绰约姿态，神采动人。

《魅力兰花》编辑部供照

▲**联邦奇蝶** 云南产春兰奇蝶花佳品。它三萼较长阔，呈长珠形，端钝圆、紧边，基细收根，中萼前倾，侧萼略下斜，中萼下和唇瓣下各增生1枚短圆绿萼；略挺的蒲扇式花棒（不完全唇瓣化，称花棒）之褶片异化成珠状，十分别致；大刘海舌增生一枚，稍搭并排，同形同色。花容端庄典雅，花色秀丽。

云南 陆联邦栽培，顾开顺供照

▲**金沙奇蝶** 金沙江流域所产之春兰奇蝶花佳品。本品萼片舒展而披红彩条斑；短阔花瓣唇瓣化程度已达3／4；唇瓣增生多枚；合蕊柱已分裂异化成木耳状小花瓣。花冠硕大，花色绚丽。

四川 曾毅栽培

▲**千岛之花** 本品由浙江舟山群岛的张根发于1988年从当地采得，为春兰绿色奇蝶花。它的萼片、花瓣大量增生，并有不同程度的唇瓣化；合蕊柱分裂异化成木耳状小花瓣。有的可莛开2朵花。花容硕大，花姿活泼，花色秀丽。

浙江　王克建栽培

▲**重台牡丹** 我国西南地区产之春兰多舌型奇蝶花。原名堰华牡丹。它的子房拔高，萼片增生并有唇瓣化迹象，萼片长，色紫红；花瓣完全唇化并与增生唇瓣同形同色，分三重环排；合蕊柱分裂异化成木耳状小花瓣，云集于花心部。花容似彩塔，十分壮观。

《魅力兰花》编辑部供照

◀**锦绣奇蝶** 本品于2004年下山于浙江舟山，为春兰多瓣奇蝶花。它的萼、捧均为绿色，竹叶形，无特别之处；但合蕊柱已出现分裂异化，在蕊柱下方，增生2枚对生的小花瓣；奇特的是原位上的唇瓣消失，在两侧捧瓣下方各生出1枚上部2／3唇瓣化的“捧瓣”。这种多而不乱，奇而有序，严谨庄重的奇蝶花，给人稳定、和谐的美感。

浙江　郑善法栽培

▲**中华麒麟** 四川产春兰奇蝶花佳品。它萼、捧增多，并有部分唇瓣化；唇瓣大量增生，呈环状叠排；合蕊柱已分裂异化成唇瓣化的小花瓣。花容硕大，多姿多彩。

浙江　王克建栽培

▲**舟山奇蝶** 本品为2003年冬自浙江舟山下山之春兰多瓣奇蝶花。它深绿披紫筋的萼片大量增生，成环状排列两重；略挺的短阔圆花瓣近完全唇瓣化；合蕊柱高昂。构图独特，花容文雅。

浙江　谢纪林栽培

▲**孔雀** 四川产春兰奇蝶花。它的苞片质薄而透明；肩萼片中心轴上，出现1/3萼幅的唇瓣化；其两花瓣也有类似的唇瓣化迹象。这种罕见的唇瓣化现象，好比孔雀开屏样，因而得名。

四川 张军涛栽培

▲**五星绣球** 贵州产春兰牡丹型奇蝶花珍品。本品的合蕊柱高度分裂异化成数十枚绿白色木耳状小花瓣组成花球；花瓣增生，并有中透式的唇瓣化迹象；白色披红彩的唇瓣增生4枚，分陈四周。构图别具一格，花色秀雅。

浙江 谢新华栽培

◀**余蝴蝶之华**（左图） 余蝴蝶原产浙江兰溪，一经采得，便流入日本，自20世纪80年代中期开始，返销中国。据1973年台湾出版的《兰蕙专辑》中说："……选育史不详，民国四十年左右，苏州余氏秘藏种，嗣输入日本，一度成为日本兰界的宠儿。"日本人命名为"余蝴蝶"。

余蝴蝶，多为菊型多瓣奇蝶花。本品系"余蝴蝶"的自然异化品。花蕾绽开后，合蕊柱分裂成3～5枚子房，有的开菊型奇蝶花，有的于子房顶端分生萼片后，再次拔高，绽开1～2朵菊型奇蝶花，个别的，还可继续拔高，再开菊型奇蝶花。这种多重台奇蝶花的开品，实属罕见，堪为余蝴蝶之华。

内蒙古 李绍诚栽培

余蝴蝶

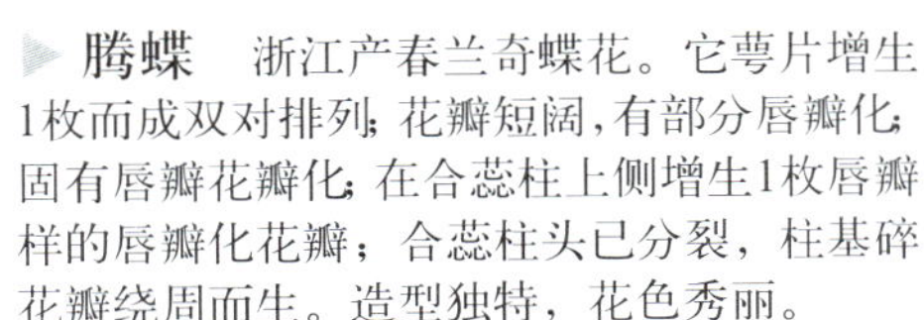

▶**腾蝶** 浙江产春兰奇蝶花。它萼片增生1枚而成双对排列；花瓣短阔，有部分唇瓣化；固有唇瓣花瓣化；在合蕊柱上侧增生1枚唇瓣样的唇瓣化花瓣；合蕊柱头已分裂，柱基碎花瓣绕周而生。造型独特，花色秀丽。

浙江 贺苗定选采、梁宜正栽培

▲**九龙花雨** 云南产春兰奇蝶花佳品。它的合蕊柱分裂异化成多个柱头，其上侧左右有唇化捧与小花瓣紧挨中萼片，组成花上花；合蕊柱基的下侧，唇瓣增生，花瓣过半唇瓣化与肩萼片组成下花。排列有序，观赏面广。花色绚丽。

云南 汤建栽培，顾开顺供照

▲**春菊蝶** 贵州产春兰奇蝶花。它的合蕊柱分裂并异化成众多的小花瓣；花瓣增生并唇瓣化，花被呈菊花样，犹似独头菊。

贵州 朱敏夫栽培

▲**春绿之华** 云南产春兰奇蝶花佳品。它的合蕊柱头已初现异化，成花莱状；萼片增生，花瓣增多并有部分唇瓣化；唇瓣亦同时增生。排列有序，花色绚丽。

云南 贾丽华栽培

▲**天星** 云南产春兰奇蝶花佳品。它的合蕊柱分裂异化；唇瓣增生多枚；花瓣已唇瓣化。造型新颖，花色绚丽，曾获云南省第五届兰展银奖。

云南 孙智勇栽培

▲**冠春奇蝶** 新下山的春兰奇蝶花佳品。本品萼片移位，与花瓣同呈放射状菊花形外轮样排列；唇瓣在分裂的蕊柱下，并排；合蕊柱分裂为二，部分唇瓣化的花瓣增生，唇瓣也同时增生。全花排列有序而工整。

江苏 单冬年栽培

辽宁 崔玉宽供照

◀**碧龙宝蝶** 云南产春兰奇蝶花佳品。它的合蕊柱已分裂异化成众多的小花瓣，萼捧、花瓣都增生。造型颇似礼花束。妙趣天成，风韵不凡。

云南 李映龙栽培

▲**飞肩奇蝶** 春兰奇蝶花。它的合蕊柱已初现异化，并有增生；唇瓣绕柱周增生；花瓣唇瓣化；肩萼向上飞翘如牛角状。花形别致，色彩绚丽。

福建 陈日明供照

▲**天龙奇蝶**（天龙牡丹） 浙江舟山群岛产之春兰牡丹型奇碟。花形魁奇，花色绚丽，易养，易壮，易开花。

照片引自浙江兰花网
金凤兰苑杨立锋供照

▲**兆发奇蝶** 浙江产春兰奇蝶花佳品。它的合蕊柱呈现异化；萼片与唇瓣各增1枚；花萼呈“十”字形排列；花瓣唇瓣化，唇瓣与花瓣合计4枚，正好对着萼片的“十”字夹角而生。共组成了八瓣奇蝶花。寄寓事业大发。

浙江 姜兆更栽培

▲**盛世牡丹** 贵州产春兰奇蝶花。2002年2月下山，萼、捧近半唇瓣化，合蕊柱分裂异化为多枚唇瓣样的花瓣，唇瓣样花瓣多达15枚，簇拥旋曲排列，如绽放之牡丹。在浙江省（2005年）海峡两岸兰花博览会上获得金奖，同时在浙江省（临海）第七届兰花博览会上获得金奖。

照片引自浙江兰花网

▲**神州奇蝶** 2002年舟山下山的多唇型奇碟花。花瓣增生并初现唇瓣化迹象。造型别致，花色绚丽，令人欣羡。2006年春在云南(丽江)第六届兰博会上上获金奖。之后又在“雅安、绵阳、乐山兰花联展”上获特别金奖。

照片引自中国兰花网、杭州国香园艺提供

4 水晶艺类

Shuijingyilei

水晶艺兰：

水晶艺兰是指株叶上镶嵌有不规则的点、条、块状之白色透明或半透明体，并在艺体的邻近处出现增厚、扭缩、褶皱的兰。水晶艺兰通常致使株态矮化而婆娑；其花多富含有白而透明的水晶艺体，其邻近组织也同样有皱缩、或缀彩斑，使花变得更加多姿多彩。

▲雪映梅

本品株叶已多处显现水晶艺。它花莛粗圆而挺拔，色淡赤而显现水晶艺体，苞片也如是。三萼短阔，端圆、紧边、褶皱，基细收根，中萼耸立而前倾，肩萼平举而略里扣；花瓣耸立后硬变如鹰嘴状，接吻似地在合蕊柱上空，如醉如痴；合蕊柱头已异化成波涛状；龙吞舌根之褶片与侧裂片异化成浪状。花容端庄而不失活泼，花色晶莹而有艳色相衬，真是妙趣天成，神采动人。

浙江 凌华栽培

▲晶龙梅 四川产春兰梅型水晶花佳品。它的分窠花瓣硬变如球状；龙吞舌；萼片阔大，端圆、紧边，萼体挺飘、浪曲似涛如龙，萼端与边缘镶嵌有0.4cm许宽的如蝉翅样的透明水晶艺体。花形魁奇，曲皱飘逸，如龙翻腾，楚楚动人，令人耳目一新。

《魅力兰花》编辑部供照

▲锦绣河山 浙江产之春兰水晶图画斑艺稀珍品。本品为斜立半弓垂叶态。株叶阔厚，有隐性的水晶艺斑。它花冠大，苞片、中萼片、花瓣拢缩合搭，如斗篷似屏风。肩萼阔如墨兰叶，一字肩，萼缘与萼心部镶有水晶艺体，萼面的朱彩、红霞、金晕、蓝云，组成了多彩山水画卷，富有诗情画意，令人赏心悦目。

浙江 蒋惠刚、王伯兴、凌华栽培

◀腾龙 四川产春兰水晶艺佳品。株叶褶卷旋扭凌空而上。造型婉妙，寓意深长。

四川 张长林栽培

▲凤冠 云南产春兰凤型水晶艺佳品。本品为爪艺水晶艺，有的已异化成凤头状，其艺体已不断下伸，续变力甚强。

云南 李本光栽培

▲**奇异晶龙** 广西产春兰奇叶水晶艺。它叶面嵌有横竖兼备之浮凸，形如文字符号。其龙形水晶艺似瀑布，如诗似画，神韵超凡。

广西 余远进栽培

▲**帝王梅**
此为春兰超瓣水晶花。它三萼片基部异常宽阔，萼端肥尖，萼形似烟叶状，当属超瓣花。从萼心部透萼缘的不规则放射状晶白透明艺体以及萼缘的浪缺、皱缩等可判断它又为水晶艺花。花形奇特，风采独具

《魅力兰花》编辑部供照

▲**鹅头水晶** 云南丽江产春兰凤型水晶艺品。

云南 陈国正栽培

◀**云龙** 云南文山产春兰矮种珍品。它株矮叶阔，质厚色绿，起叶柄，端圆，并具行龙。风仪秀具，俊逸典雅。

云南 周云芳栽培

5 水仙瓣类

Shuixianbanlei

水仙瓣花：

水仙瓣花的外三瓣比梅瓣花狭长，且瓣端稍尖；花瓣（捧瓣）的要求与梅瓣花近似（即端庄、短圆、起兜、合抱蕊柱），不过瓣端起兜可稍浅些；唇瓣的形态不拘泥。此外，有的形如梅瓣花，但其捧端仅是浅兜，而被称为“梅型水仙瓣”；有的萼片有明显的放角、收根，而它的捧端却有兜，而被称为“荷型水仙瓣”。

春兰老八种：

宋梅、集圆、龙字、万字、汪字、贺神梅、小打梅、桂圆梅

▲**翠一品**

“翠一品”的选育历史有待查考。现仅可以根据其在1923年出版的《兰蕙小史》中已有记述，而推测其的选育时间，应在此之前。它为斜立弓垂叶态，中长中阔叶，断面呈“V”字形，质薄色绿而有光泽。淡紫红色细圆花莛高耸，苞片浅紫红色；三萼长脚，中段宽阔似放角状，端圆钝，基收根，里扣态；分窠蒲扇式浅兜捧。白圆舌面缀有一大红近圆斑。为春兰水仙瓣花传统佳品，美中不足的是，开花不勤。

浙江　郑普法栽培

▲**汪字**　本品于清代康熙年间由浙江奉化汪克明选出。它三萼长脚圆头，紧边，基细收根，中萼前倾遮阳态，肩萼近平举，略呈里扣状；分窠短圆浅兜捧；大圆舌。它花莛高耸，苞片披紫红筋，泛红晕；花为黄绿色，花开耐久，至凋不变态，与“龙字”合为春兰水仙瓣的典型代表种。为春兰中流传最广泛的水仙瓣品种之一。荣列为“春兰四大名花”之一。

浙江　叶华海栽培

▲**龙字**　本品于清代嘉庆年间，自浙江省余姚市高庙山的千岩龙脉林野采得。故取“龙脉”的龙字而为名。又名“姚一色”。其花大，直径可达7cm，为荷型水仙瓣之冠。三萼中阔，两端收细，紧边，质厚，色绿泛黄晕，有透明感，中萼稍前倾，侧萼平举；分窠观音捧；白大铺舌面端缀倒“品”字形红点。是春兰“四大天王”中花型最大，花色最为艳丽者。也为“春兰四大家”“浙江四大名花”“春兰老八种”之一。

福建　许东生，浙江　叶华海栽培

▲**红龙字**　1930年春浙江建德罗嗣成，在建德山中采得。为春兰水仙瓣花。后传至日本，1970年在日本命名，日本兰界极力推崇，把它列“别格全盛稀贵品”。它的新芽鲜紫红色，株形、叶态与“龙字”相近似。萼片阔大，紧边肉厚，形态与“龙字”相近似，但较阔大，萼近缘色紫红，故而称其为“红龙字”。中萼稍前倾，侧萼稍下垂，基收根；分窠半硬捧；大铺舌，舌面缀斑大而鲜丽。

浙江　郑国梁栽培

▲**兰溪水仙** 浙江产春兰水仙瓣花。它为斜立弓垂叶态，细长叶，断面呈“V”字形，质厚糯，色翠绿而富光泽。三萼似长珠形，中段稍阔，端圆、紧边，端中心有凹陷，中萼耸立而微挺，肩萼平举；蒲扇式捧，端缘有明显的浅兜；大圆舌端也有小凹陷，舌面缀一红方斑，格外别致。

浙江　凌华栽培

▶**爱心荷仙** 春兰绿色荷型水仙瓣花佳品。它三萼尚短阔，有端放角样，萼顶端中心有钝尖、紧边，基细收根，中萼遮阳态，肩萼平举，或略挺，或里扣；深蚌壳捧下缘有紧边状浅兜；唇瓣异化成心脏形花瓣，质厚糯，色绿白。花形端庄，花容逼俏，色泽庄重，催人联想。

浙江　凌华栽培

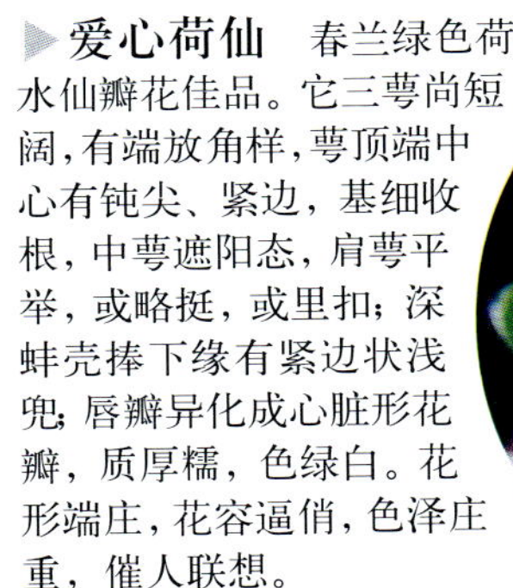

▲**五彩荷仙** 本品为近年贵州下山之春兰复轮荷型水仙瓣花佳品。它为斜立弓垂叶态，叶较短阔，质厚糯，色绿而有光泽，断面较平展。绿花莛，乳黄苞片披红彩。三萼尚短阔，中段放角，两端收根，镶红覆轮，色翠泛红黄晕，中萼端立，肩萼平举；蒲扇式彩捧，端有浅兜；大刘海舌。花容端庄，色如仙霞，神采动人。

江苏　陈士友栽培

▲**红昌仙** 春兰红边水仙瓣花。它三萼长珠形，端钝紧边，基细收根，中萼前倾，肩萼稍飞翘，绿萼镶阔红边；分窠半硬蚕蛾捧；如意舌。花容端庄，着色艳丽。

浙江　徐宗昌栽培

▶**俏字** 1990年由浙江奉化的应惠龙从舟山采得。为春兰水仙瓣花。它叶长35cm许，宽0.9cm，叶厚色绿而有光泽。淡褐色莛高耸，苞片披紫褐筋。萼片长珠形，两端收细，中萼前倾，肩萼略垂，色深绿，质厚糯；半硬蚕蛾捧；如意舌。本品颇似梅瓣花，只因萼端较尖而屈居水仙瓣。

浙江　应惠龙栽培

▲**耶稣祝福** 浙江产春兰水仙瓣花。斜立弧垂叶态，叶较短而窄，质厚糯，色深绿，绿花莛，苞片披紫筋。三萼稍长而阔。中萼大紧边而皱缩成长尖，端有白峰；肩萼平举，端圆、紧边，下缘浪曲，基敛折，短圆棒上缘，雄性化体高耸如白蚕蛾兜；白圆舌面嵌大红圆斑，端又挂淡红竖杠。花形独具一格，犹如耶稣在祝福样。

浙江 凌华栽培

▲**长虹水仙** 浙江近几年下山的春兰水仙瓣花。它三萼带状，中段略阔些，端钝尖、紧边，基收根，边泛红晕彩，中萼直立，肩萼向下斜垂；蒲扇式捧端之雄性化体如合蕊柱头药帽状，捧面基部放射状红彩似旭日初升；大卷舌端缀一红点。捧态别具一格，花色似朝晖莹射，瑞象万千。

浙江 梁宜正栽培

◀**玉观音** 四川峨眉山产春兰水仙瓣花。它三萼阔大如烟叶，中段格外弧圆阔大，两端收根，缘紧边成皱缩，中萼前倾，肩萼平举；花瓣、唇瓣与合蕊柱硬变成一体。花形别具一格，花色秀丽。

四川 邹剑星栽培

▲**天尊**

本品系浙江临海葛新星于2004年自三门县南部采得之春兰荷型水仙瓣花佳品。它为斜立弓垂叶态，叶中阔而厚，断面呈广“V”字形，色浓绿而有光泽。莛高20余厘米，莛花2朵，莛绿泛紫红晕。绿白苞片披紫红条彩。三萼短阔，端放角典型，基细收根，端紧边，中心处有尖凸，中萼前倾，肩萼平举而里扣；蒲扇式观音兜捧；白大圆舌，缀双红斑鲜丽。

浙江 葛新星选育

▲**巧百合** 近几年下山之春兰飘门水仙瓣花。它三萼端圆，端中心处有凹缺，萼体向后挺飘；双捧先耸立，端圆，略向后挺飘，近端中心处，有雄性化块状体；乳黄色圆舌，缀心脏形红斑。花格别具，花姿活泼。

浙江 王克建栽培

▼**林宇** 浙江临海产春兰水仙瓣花。它为斜立弓垂叶态。株叶5枚，叶长而细狭，质厚硬，色翠绿而有光泽，断面呈“V”字形。花莛较高，苞片泛紫红晕，披紫红筋。三萼长脚圆头、紧边，细收根，色翠绿，中脉泛紫晕；分窠蚕蛾捧；白如意舌，舌面缀一红元宝点。花容端庄，俊逸典雅。

浙江 林申燎栽培

▲**川百合** 近几年下山之春兰飘门水仙瓣花。三萼较短阔，中段明显增阔似放角，端钝圆、紧边，萼体挺飘，绿萼中脉间有线艺中缟状的白亮体；双棒短阔圆，且挺飘，棒端中心处有雄性化体镶嵌，端尖缀鲜红斑；白刘海舌面缀“丁”字形鲜红斑。造型俊美，风仪秀具。

浙江　凌华栽培

▲**百合皇后**

近几年下山之春兰飘门水仙瓣花。三萼向后挺飘，基收根，端圆，有小尖凸或有凹缺；猫耳状绿白色花瓣略挺飘，棒端圆，端中心处有雄性化体镶嵌；白圆舌面缀倒笔架形红斑。中萼、花瓣披彩醒目。

浙江　凌华栽培

▲**曹娥仙** 浙江近几年新下山的春兰水仙瓣花。它三萼长脚圆头，端紧边，端中心有小扭凸，基收根，中萼直立，肩萼略斜垂，质厚色翠泛黄晕边；分窠蚕蛾棒；白如意舌缀有对称鲜红圆点。

浙江　叶华海栽培

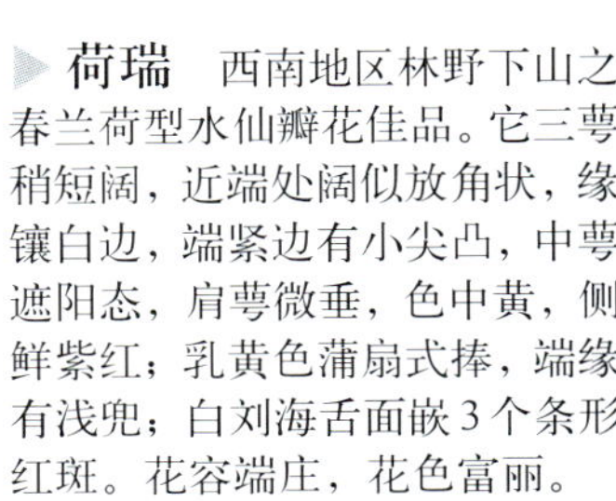

◀**恋乡梅仙** 浙江桐庐下山之春兰梅型水仙瓣花。由于系出门在外的浙江桐庐人的桐君，于2007年2月1日返乡省亲时，在乡间采得，取恋乡之意与花品结合而为名。它三萼长脚，大球圆头、紧边，端中心处有微凹缺，中萼略前倾，肩萼标准平举；分窠浅观音兜棒；如意舌面缀斑红艳。中宫圆结，幽香四溢。

浙江　桐君采育

▶**荷瑞** 西南地区林野下山之春兰荷型水仙瓣花佳品。它三萼稍短阔，近端处阔似放角状，缘镶白边，端紧边有小尖凸，中萼遮阳态，肩萼微垂，色中黄，侧鲜紫红；乳黄色蒲扇式棒，端缘有浅兜；白刘海舌面嵌3个条形红斑。花容端庄，花色富丽。

浙江　凌华栽培

◀**黔仕仙** 贵州产春兰水仙瓣花。它绿白而细圆花莛笔直而高耸。三萼长脚大圆头、紧边，基细收根，色青绿披翠绿筋纹，中萼略前倾，肩萼平举，略里扣态；分窠扇形棒，端圆，紧边微兜；大铺舌缀5个鲜红斑，寓意平安。

贵州　喻仕金栽培

▲**蒙山红仙** 四川蒙山产春兰水仙瓣花。粉红细莛，苞片紫红披紫筋。三萼竹叶形，基部外红里粉红，缘镶白覆轮，三萼等角排列，笔直有神；鲜红花瓣耸立，端呈挖耳勺兜捧；白卷舌缀红U字斑。花姿炯炯有神，花色俏丽。

四川 岑化贵栽培、李文全供照

▲**五点仙** 本品系浙江新昌的吴亚光先生于2001年春自浙江奉化采得。为春兰水仙瓣花。由于萼、捧端均缀有鲜红点斑，而为名。它为斜立弓垂叶态，新芽赤色，叶长25cm许，宽0.8cm许，叶断面呈广“V”字形，色深绿而有光泽。三萼长阔，端钝圆、紧边，基收根，中萼前倾，肩萼稍斜垂；扇式立捧，端圆而有雄性化深兜；白大卷舌。

浙江 吴亚光选育

▲**翠云冠** 浙江产春兰荷型水仙瓣下山新品。它为近直立半弓垂叶态，叶细而较长，断面“V”字形，质薄色翠有光泽。色白而微泛绿晕之细花莛直立而高耸，苞片基白端绿披绿筋。三萼尚短阔，中段明显放角，端钝圆、紧边，端有里扣小尖凸，中萼前倾，侧萼略斜垂，色乳黄泛绿晕，缘有透明状；蒲扇式浅兜捧；白刘海舌缀对称圆红点。花容端庄，花色秀雅。

浙江 凌华栽培

▶**汪笑春** 本品的选育历史不详。据说，1935年就流入日本。1993年，陆续引归。它为斜立弓垂叶态，叶芽淡红色，叶长30cm许，宽0.8cm许，断面呈广“V”字形，质厚、色翠而有光泽。莛高10cm许，莛色浅紫。三萼较长阔，端肥圆，尖紧边，基收根，萼缘镶有不甚明显的黄覆轮，中萼直立而稍挺，肩萼稍斜垂，也有略挺；花瓣端山脉形，端挺飘，似猫耳捧状，捧挺飘中心处有雄性化体并缀有红点斑。花容别致，风韵不凡。

浙江 葛伟文栽培

▲**蛇仙** 重庆梁平县产春兰大型荷型水仙瓣花。它三萼长而阔，中段明显阔大，端钝尖、紧边，基收根，中萼稍前倾，肩萼略斜垂，三萼黄绿色，网状脉纹如蛇纹状；蚌壳捧合盖蕊柱，缘紧边而有浅兜；白刘海舌面，端缀红“U”形斑。花型硕大，花容端庄，花色明丽，蛇皮纹显致。

重庆 苏中明栽培

▲**章字** 安徽黄山下山之春兰水仙瓣花。它绿莛高耸，苞片基红端绿披紫筋。三萼细长脚，端圆、紧边而有小尖凸里扣，中萼前倾遮阳态，肩萼略斜垂；分窠蚕蛾捧；白小圆舌。本品粗看略似春兰传统水仙名品“汪字”；细看，“汪字”萼体较短，呈长珠状，一字肩，淡紫花莛，明显有别。

安徽 章根生选育

6 线艺类

Xianyilei

线艺兰：
线艺兰是指叶上除了叶脉之外，缀有透叶背的清晰而明亮的秀色线纹或斑块的兰株。

▲**银边之华**　四川南部所产之春兰银覆轮艺艳色花佳品。冷暖色交辉，相映成趣。

江苏　陈士友栽培

▲**春光明媚**　四川产春兰线艺佳品。此为雪白银界艺。

四川　张长林供照

▲**玉翠锦**　云南产春兰线艺佳品。银界艺兰株开出多艺花，在白覆轮红唇瓣的映衬下，秀丽非凡，令人流连忘返。

云南　孙智勇栽培

◀**银光**　云南产春兰线艺佳品。它集银界艺、缟艺、中斑缟艺于一体。曾获云南省第五届兰花博览会银牌奖。

云南　李瑞臣栽培

▲**红艺草**
陕西产之春兰红艺草。它的株基尚有绿晕，还可进行光合作用，可以养活。这种红艺草可能是红壤和当地气候造化而成的。
陕西　唐文亿栽培

▲**青蛇仙**　本品株叶为蛇皮叶艺，其花为正格水仙瓣素心花。
广东　陈少敏栽培

▶**鳞波之华**　此为春兰蛇皮艺佳品。叶面上纹路似游鱼戏水，波光粼粼，楚楚动人。
辽宁　马炳利栽培

▲**日月同辉**
春兰银色中缟艺，开出半边艺花。好比日明，夜暗，取意而为名。本品曾荣获第19届全国兰博会金奖。
福建　陈日明供照

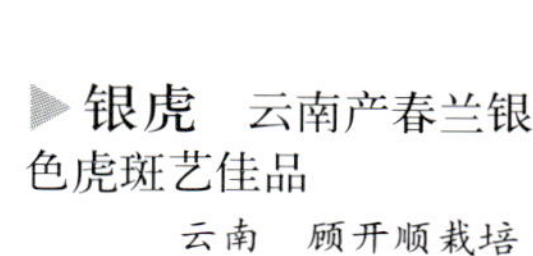

▶**银虎**　云南产春兰银色虎斑艺佳品
云南　顾开顺栽培

7 捧蝶类

Pengdielei

048 〉〉〉 056
捧蝶类 〉〉〉 捧蝶类

捧蝶花：
捧蝶花是从传统的“奇瓣花”中的蝶瓣型中分离出的一类蝶花，它们的内轮花瓣（捧瓣）全部蝶化（唇瓣化），故又称“内蝴”或“里蝴”，也称“蕊蝶”。捧瓣唇瓣化后与唇瓣同形同色的称三星蝶。

◀**彩虹叶蝶**（左图、下中图） 本品为春兰唇化式叶蝶艺。它所开的花为彩虹奇蝶。

浙江 凌华栽培

▲**同乐蕊蝶** 近几年浙江下山之春兰捧蝶花稀珍品。曾名“大元宝”。它三萼短阔、厚糯，色翠，形雅。大圆唇化捧与唇瓣同形同色而为名。这样形圆的捧蝶，历来罕见，而又能与唇瓣同形同色，更难能可贵，堪为稀珍品。

浙江 林申燎栽培

▲**梁溪叶蝶** “梁溪”乃江苏无锡之旧名。《兰花》作者沈渊如先生于1959年在无锡选出“梁溪蕊蝶”。但当时该品为尚未完全唇瓣化的类捧蝶花。经约60年的栽培，现已出叶蝶艺。本品属于唇化式叶蝶艺。

浙江 王克建栽培

▲**黄金花捧** 近几年自四川大巴山下山之春兰金花捧草蝶花。尽管它的形色十分绚丽，但由于它不俱全白肉化，仅是白肉边和条块，只能称为黄花捧，而不能称为黄蕊蝶。

江苏 陈士友栽培

▲**梁氏虎蕊** 近几年下山之春兰捧蝶花。它莛开双花。完全唇瓣化的捧蝶，尚短阔，但捧蝶端常挺飘。

浙江 梁生弟、梁宜正栽培

▲**虎蕊蝶**
浙江产春兰捧蝶花佳品。本品完全唇瓣化的花瓣，色雪白，褶片、侧裂片全俱，瓣中心处缀有石钟乳状玫瑰红斑，斑基心部留有近等腰三角状白斑。由于捧蝶也称"蕊蝶"，本品捧瓣格外短阔，且端圆，不后卷，形如虎耳，故名为虎蕊蝶。本蕊蝶，短阔、端圆、不后卷，为十分难得的蕊蝶精品。

浙江 王克建栽培

▲**蓝花捧** 近几年下山之春兰花瓣部分唇瓣化的"花捧"花。本品之双捧仅是有断断续续之白缘，尽管花瓣心部之色彩非常美妙，但从捧蝶的角度品赏，只能称"花捧"(即草蝴)。本品虽为草蝴，但捧色为蓝色，且有别致的图案样绿色斑纹，尚属珍贵。

浙江 梁宜正、梁小龙栽培

▶**叶氏花捧** 此下山春兰之捧瓣部分唇瓣化花。由于仅是白肉缘而没具全捧白肉化，捧心部全是绿苔未褪去，因此是尚未完全唇瓣化的"花捧"。

浙江 叶华海栽培

▲**王氏蕊蝶** 近几年下山之春兰捧蝶花佳品。完全唇瓣化之捧蝶，形短阔，且端圆、不后卷，缀斑对称且绚丽。

浙江 王克建栽培

▲**黔林叶蝶** 贵州产之春兰叶蝶艺。本品属唇化式叶蝶艺。叶蝶艺的稳定性好。

贵州 谢皓栽培

◀**红珊瑚** 我国西部林野产之春兰捧蝶花佳品。完全唇瓣化的花瓣体短、幅阔、端弧圆，缀斑鲜丽。

《魅力兰花》编辑部供照

▼**西部星蝶** 近年下山的春兰捧蝶花佳品。完全唇瓣化的花瓣形短阔，端钝圆、略挺，状似猫耳，缀斑呈放射状，十分雅致。

《魅力兰花》编辑部供照

▲豹蝶
浙江舟山群岛下山之春兰捧蝶花。它的肩萼短阔而平举，中萼长阔而直立。完全唇瓣化之双捧猫耳态，体短、幅阔、端圆，略挺而不后卷，缀斑醒目，花容威武而为名。

浙江　吴永岭栽培

▲鸳鸯双蝶　近几年浙江下山的春兰双捧蝶花稀奇品。本品不仅在合蕊柱左右侧的花瓣完全唇瓣化，而且在合蕊柱的上侧还增生了一对小巧的唇化棒，这样好比每侧各有一对鸳鸯在戏水，情趣非凡，前所未闻。

浙江　王克建栽培

▲黑虎　浙江产春兰捧蝶花佳品。完全唇瓣化之双捧体短、幅阔、端圆，向上斜展而不后卷，缀深红片块，基部画样斑对称，十分别致。

浙江　王克建栽培

▲千禧龙蝶(上图、上中图)　近几年下山之浙江产春兰捧蝶花。它的肩萼飞飘，花瓣略长，但还宽阔，且略挺飘，过半唇瓣化，缀彩洒斑艳丽。奇特的是，本品的花莛较矮，同株两朵飘态龙蝶花相对而开，唇瓣如相吻。柔情绰态，神采动人。

浙江　梁宜正、黄金铃、梁建平栽培

上图照片引自浙江兰花网

▲**小黑猫**　浙江近几年下山的春兰别格花捧花。它的花瓣阔而长，端钝尖，镶阔白边，心部绿苔未褪，披三条紫彩。由于它不具白肉化，只能称为“花捧”。说它为别格，是它的中萼片青黄底镶红杠，网脉纹呈龟背纹，格外别致。

浙江　叶华海栽培

▲**天子蝶**　浙江近几年下山之春兰捧蝶花。它完全唇瓣化之花瓣，短阔，端钝尖而略挺。其侧裂片和褶片格外发达，形态也十分别致。

浙江　王克建栽培

▲**四明春色**

近几年自浙江四明山下山的春兰捧蝶花。它萼片形如般掌，稍挺飘态；双捧短阔，稍挺飘，完全唇瓣化，缀彩简洁而明快；如意舌面缀一红斑。花瓣虽是完全唇瓣化，但仍保留有淡淡的绿晕，据此而为名。

浙江　叶华海栽培

▲**猫耳蝶**

云南近几年下山的春兰捧蝶花佳品。完全唇瓣化之花瓣，格外短阔，端圆，泛晕，缀斑鲜丽。三萼短而厚实，色深绿，把捧蝶衬托得更加雅致。

云南　孙智勇栽培

▶**真龙蝶**　浙江产春兰捧蝶花。它的双捧体短，幅阔，端圆，完全唇瓣化，缀斑对称而鲜丽。

浙江　王克建栽培

▲**重捧蝶** 浙江产春兰重捧蝶。它双捧向上挺翘，其基部尚有不少绿苔未褪去，但从整体看，应属基本唇瓣化范畴。由于捧蝶端上翘，其缀彩，亦似正在燃烧之火焰，启人奋发。更为可贵的是，在捧蝶之后，中萼片两侧，各增生一枚唇化小捧，而有重捧蝶之称。

浙江 朱忠贤栽培

▲**蜀都蕊蝶** 四川产春兰捧蝶花。它的合蕊柱已分裂异化成五星状，并已分生出细狭的小花瓣，说明它仍在异化中，将来可能异化成奇蝶花。它的双捧已完全唇瓣化，缀斑艳丽，美中不足的是捧蝶体过长而致端反卷。

《魅力兰花》编辑部供照

▶**新益花捧** 本品肩萼落肩，向后勾卷，中萼挺直；花瓣呈阔葫芦形，端略挺，绿苔大部分未褪去，其上着褐红色片块斑。目下只能称其为“花捧”。

浙江 梁宜正供照

▲**龙禧蕊蝶** 近几年安徽下山的春兰捧蝶花。它为斜立弓形叶态，中长宽叶，新株已出叶蝶艺。它的花瓣带形，完全唇瓣化，缀斑秀丽。

浙江 叶华海栽培

▲**大熊猫** 浙江产春兰捧蝶花。它三萼稍短阔，略显荷形；双捧尚短阔，端圆，唯绿苔未褪净。

浙江 王克建栽培

▲**盛世二乔** 此为叶蝶艺。它的心叶为覆轮式叶蝶艺，内侧叶为侧式叶蝶艺。

浙江 林申燎栽培

▲**瑞蕊王**
浙江产春兰捧蝶花。它的花瓣完全唇瓣化，形短而圆阔，与唇瓣基本同形、同色、同缀斑，堪为蕊蝶之王。

浙江 凌华供照

▲**大元宝蝶** 春兰捧蝶花。它的唇瓣形似葫芦状，中裂片缘大紧边，舌心缀大红圆斑，斑上形似两个卫兵在守护，因而得名。它的花瓣完全唇瓣化，缀斑基本对称，花色绚丽。

《魅力兰花》编辑部供照

▶**花蝴蝶** 它的双捧如烟叶状三角形，侧裂片、褶片全具，从紫红缀斑的缝隙看，它的白肉化程度较高，美中不足的是尚不少绿苔未褪去。

福建 陈日明供照

▲**黄蕊蝶** 贵州产之春兰棒蝶花。本品的两个花瓣基部两侧已有明显的侧裂片，基部中心处又有明显的褶片，棒周缘白膜质化，尽管棒色黄，亦可隶属于完全唇瓣化范畴。

贵州 张茂新栽培

▲**艳蕊蝶** 春兰棒蝶花佳品。完全唇瓣化的二花瓣，短阔，端圆，不后卷，缀斑错落有致，色泽鲜丽。

浙江 林申燎栽培

▶**彩云蝶** 它双棒缘虽有较宽的唇瓣化，又具侧裂片，但棒瓣中心部分仍为绿色，尚未完全白肉化，说明它尚未完全唇瓣化，仅能称为“花棒”。

浙江 凌华栽培

▲**半捧蝶** 本品双捧均一半唇瓣化，此类唇瓣化，不能称为捧蝶、蕊蝶，仅可称为半捧蝶。其实此类半捧蝶有避免捧端后卷和色泽对比更鲜明之可爱。

浙江 凌华栽培

▲**元宝蕊蝶** 春兰捧蝶花。它的合蕊柱头已分裂异化成梅花状，估计将来可成为奇蝶花。它的双捧带形，完全唇瓣化，缀斑十分绚丽。

《魅力兰花》编辑部供照

▲**乌蒙烟蝶** 下山春兰捧蝶花。完全唇瓣化的花瓣，虽稍长，但还阔大，其缀斑独特，既似浓烟滚滚，也似塔形。斑色如墨，显得别致而庄重。

云南 苏力供照

▲**红星点蝶** 浙江产春兰捧蝶花佳品。完全唇瓣化之花瓣短而阔，略挺而不后卷，缀斑似红星闪闪，十分秀丽。

浙江 凌华栽培

◀**凤蝶** 云南曲靖地区产之春兰捧蝶花。完全唇瓣化的花瓣，虽长但阔，缀斑对称，斑色与舌斑色同为褐黑色，甚为独特。

云南 高家喜栽培

▶**金元蝶** 本品为浙江嵊州长乐镇的过小华于2004年冬自浙江会稽山采得。它的合蕊柱药腔缘分生一个金色细圆小舌，花主以此而为名。完全唇瓣化的花瓣尚短阔，向上斜展而不后卷，缀斑对称，色泽与舌斑同。

浙江 过小华栽培

8 肩蝶类

Jiandielei

肩蝶花：

肩蝶花是从传统的“奇瓣花”中的蝶瓣型中分离出的一类蝶花，它们的外轮3枚萼片中的2枚侧萼片（“肩萼”“副瓣”）下半部部分或全部唇瓣化，又称“外蝴”。唇瓣化深入副瓣1/2处的，称全蝴；两侧萼后翻的全蝴称飞蝴。飞蝴是外蝴中的佳品。副瓣下面呈细狭或断续唇瓣化的称半蝴，唇瓣化程度不高的半蝴称为草蝴，是下品。

春兰四大家：

宋梅、大富贵、龙字、老文团素

▲**峨眉外蝶**　本品为近年四川峨眉山下山之春兰肩蝶花。它中萼前倾遮阳态，双捧前伸似眉，肩萼弧垂，端向后横翘，唇瓣化达半，形态、缀斑均对称。

四川　邹剑星栽培

▲**清香荷蝶**　浙江富阳所产之春兰肩蝶花。它的中萼与花瓣短阔、弧圆，叠搭半弧盖合蕊柱，肩萼稍长且阔，前伸下垂，姿态别具，唇瓣化过半，缀斑对称，简洁而鲜丽。

浙江　叶华海栽培

▲**金蝶**

本品为近年自四川下山之春兰肩蝶花佳品。它的中萼片与花瓣短阔、形圆，叠搭半弧盖合蕊柱，肩萼亦短阔、稍尖圆，肩斜垂，唇瓣化过半，缀斑对称，简洁而鲜丽。花色金黄，格外耀眼。

浙江　林申燎栽培

▲**圆肩蝶**　本品中萼与花瓣弧圆，相互叠搭半合盖合蕊柱，肩萼短阔、形圆，唇瓣化过半，缀点简洁，对称而鲜丽。

《魅力兰花》编辑部供照

▲天龙蝶
本品为近年浙江下山之春兰肩蝶花佳品。它的中萼片与花瓣短阔，叠合成半圆弧，合盖合蕊柱，双侧萼平举端稍垂，幅阔、端圆，唇瓣化过半，唇瓣化缘似工艺图案样对称弧缺，缀斑简洁，对称而鲜丽。

浙江　王克建栽培

▲珍蝶　本品的选育历史待考。约于20世纪30年代流入日本，国内至今极少。近几年，逐渐由日本返销我国。它莛高在10cm以内，色浅红，苞片水银红色披紫筋纹。三萼短阔，中萼与花瓣叠搭，半弧盖合蕊柱；白大刘海舌，缀2个错开的红杠。肩萼前伸下斜后反翘，唇瓣化过半，缀斑鲜丽。为传统春兰肩蝶佳品。

浙江　叶华海栽培

▶红彩荷蝶
本品短阔捧合抱合蕊柱；中萼弧盖合蕊柱，双肩萼斜垂而后卷，唇瓣化过半，缀斑对称而绚丽。

浙江　王克建栽培

▲红杠荷蝶　本品的捧如蚌壳捧样合抱蕊柱；中萼弧盖蕊柱，肩萼前伸后挺飘，唇瓣化过半，缀斑是对称的鲜红杠。

浙江　王克建栽培

▲猫鼻荷蝶　本品为合蕊柱头已异化成猫脸状的荷型外蝶花。

《魅力兰花》编辑部供照

▲**簪蝶** 本品的选育历史不详。据说，1923年许流入日本。之后，吴应祥先生曾于1991年在其大作《中国兰花》上介绍本品。它中萼较宽而挺直，犹似古时女子插于发髻上的簪子而得名。它肩萼唇瓣化近半幅，唇瓣化部分少有或无缀点。

浙江 葛步兴栽培

▲**蝴蝶龙** 本品为上海植物园沈雪宝于1990年选育并命名。本品的中萼与花瓣半合盖蕊柱，双侧萼先平举，端下垂而向后翻卷，唇瓣化过半幅，缀斑对称而鲜丽。本品依肩萼姿态与质变（唇化）相结合而为名。

浙江 王克建栽培

▶**剑龙荷蝶** 本品为浙江丽水余岭山下山的春兰荷蝶佳品，曾获第16届中国兰花博览会铜奖。花瓣合抱蕊柱；中萼再弧盖，肩萼上斜后挺飘，肩萼短阔，端圆、紧边，唇瓣化程度高达三分之二，缀斑简洁而鲜丽。

浙江 钱长生、周幼平、韩章土栽培

▶**天河飞蝶** 本品为浙江宁海的兰友胡坚于2002年从浙东大峡谷天河风景区的林野采得。以产地名结合肩蝶姿而为名。它双捧合抱蕊柱，中萼弧盖，肩萼短阔、端钝圆，有小尖凸，萼姿耸立后稍挺飘，唇瓣化程度高达2/3，缀斑形色对称，堪为荷蝶佳品。

浙江 胡坚栽培

▲**旭阳蝶** 浙江产春兰别致肩蝶花。它中萼前伸后挺翘，花瓣合抱蕊柱，肩萼前伸挺飘，唇瓣化程度高达三分之二，缀斑简洁而鲜丽。尤其是肩萼之侧裂片格外发达，在唇瓣下有鲜红色的造型，其上是“V”字形，十分别致而秀丽。

浙江 梁建平栽培

◀**天姥飞蝶** 近年自浙江天姥山下山之春兰肩蝶花珍品。它的合蕊柱头已初现异化；中萼与花瓣叠搭半合盖合蕊柱，肩萼短阔，端圆，呈飞翘态，唇瓣化程度高达2/3，缀鲜红片块斑，大而对称，是十分绚丽的飞肩蝶。

《魅力兰花》编辑部供照

▲**金云荷蝶** 本品为浙江新昌的潘金辉于2001年下山于舟山群岛。它的中萼与花瓣近合盖合蕊柱，肩萼略耸后而斜垂，端反翘，唇瓣化过半幅，缀斑简洁而鲜丽。

浙江 潘金辉栽培

▲**天姥荷蝶** 本品系浙江温岭的娄小荣于近年从浙江天姥山采得，为荷型肩蝶花。它的中萼与花瓣合盖合蕊柱，肩萼先耸起而后斜垂，端圆、不后卷，唇瓣化过半，色雪白缀2～3红圆斑。

浙江 娄小荣栽培

▲**天水荷蝶** 本品系浙江宁波的上官永林于2003年自四明山采得。为春兰荷型肩蝶花。它中萼弧盖与花瓣半合盖合蕊柱，侧萼稍垂端后卷，过半幅唇瓣化，缀斑简洁而鲜丽。

浙江 上官永林栽培

◀**欣顶荷蝶** 贵州产春兰肩蝶花。它为荷型大花，花色嫩黄，肩萼唇瓣化过半，褶片、侧裂片全俱，稳定性好，缀斑对称，富丽堂皇，幽香四溢。

浙江 邱文雄、王建设栽培

▲**乌蒙红肩蝶** 贵州产春兰肩蝶花。中萼与花瓣耸立，色黄泛粉红，披褐彩条，双侧萼耸肩后向下斜垂，唇瓣化过半幅，缀斑简洁而对称，花色鲜丽。

贵州 卢昭阳栽培

▶**蒙阳黄蝶** 本品系四川名山县蒙阳镇的张继明于近年从当地下山之春兰黄色肩蝶花。它的中萼耸立前倾而后挺，双捧平伸遮阳态，双侧萼斜垂并略挺飘，唇瓣化过半幅，造型、缀斑简洁，对称而绚丽。

四川 张继明栽培

9 素心花类

Suxinhualei

素心花：
素心花是指除合蕊柱上的药帽色与花主色不一致外，其全花只有一种基本色，偶或于萼片、花瓣端部或基部微泛冷色晕，但全无异色点、条、斑的花。依花的主色，可有多种素心花。传统素花外三瓣、捧瓣为绿色、白色、黄色，唇瓣为白色（唇瓣上的绒状附着物称为舌苔，舌苔可略有色泽）。现代赏兰观将素花范围扩大到橘红色、金黄色、红色、桃红色、紫色、黑色等艳丽色彩，分别称为橘红素、红素、黑素等。

▲**庆麟春素** 本品系云南曲靖市（原名麒麟城）兰友于云南迪庆获得，取两地名各一字而为名。它三萼中段放角，两端收根，端尖有紧边，中萼盖帽状，肩萼斜垂；大铺舌；蚌壳捧。堪为春兰荷瓣花。全花雪白，浮泛淡绿筋，更显绿意盎然。

浙江 凌华引种栽培

▲**白朵素** 云南产春兰白色素心花。它蚌壳捧，圆舌，花品素雅。

云南 蔡大章栽培

▲**和氏璧** 2003年云南罗平下山之春兰荷型素心花。花色雪白，荷形花瓣，侧萼近平，花舌浑圆如月。云南曲靖李鑫引进并栽培，后转让给浙江兰友。

浙江 凌华栽培

▲**蛇纹素** 本品花形硕大，嫩绿花镶白覆轮，萼片上之浪状脉纹，犹似蛇皮样，十分别致。

江苏 单家欣栽培

▲**蔡仙素** 本品为春兰水仙素中唯一的老品种，于民国年间被选出，1931年流入日本。又名“蔡水仙”。1993年始，陆续返销回国。它为斜立弓垂叶态，叶长30cm以内，宽0.8cm，叶厚糯，色翠而有光泽。新芽绿色，细圆花莛高15cm许，莛与苞片均为白绿色。萼片较狭窄，长脚、圆头、紧边、收根，中萼前倾，侧萼近平举；半硬蚕蛾捧或连肩合背式硬捧；乳白色圆舌。花色绿泛黄晕，花品素雅，为春兰水仙瓣素心之传统名品。

浙江　叶华海栽培

▲**知足素梅**

浙江湖州王阿海于1996年10月，自绍兴漓渚购进浙江镇海下山的春兰23苗，1997年3月上旬花开，湖州冯如梅先生命名为“知足素梅”。1997年在南通举办的华东第三届兰展上获金奖。

它为斜立叶态，叶质厚糯，叶长30～40cm，宽0.8cm，莛高15cm。花莛、苞片均为白绿色。三萼细长脚、圆头，中萼遮阳态，双侧萼斜垂；分窠蚕蛾捧；净白刘海舌。花开40余天不变态。清香幽远。唯其萼体较长，萼幅较狭，捧兜较浅些。

浙江　恒业兰苑陈连夫栽培

照片引自浙江兰花网

▲**黄荷素** 本品为春兰黄色荷型素心花。

浙江　王克建栽培

◀**黑蜘蛛** 云南产春兰黑色奇花素珍品。它的合蕊柱分裂异化成小花瓣云聚于花心部；唇瓣异化为花瓣，形似蜘蛛，色浓黑如墨。属兰中珍品。

云南　李景能栽培

10 奇花类

Qihualei

奇花：
奇花是从传统的"奇瓣花"（蝶化、增减瓣数、多唇瓣）中分离出的一类花。凡兰花花莛上的某个部分，或几个部分，或全部的数目、形态、色彩等离宗别谱而生的花，都属于奇花。

▲**世纪礼花** 本品子房分生并拔高，开多蕊柱、多瓣、多舌奇花。萼片披紫红彩条，花色秀丽，清香萦绕。

福建 陈日明供照

▲**玉树临风** 云南产春兰树型奇花。它子房分生并拔高后，再分生多朵的多瓣奇花。

云南 顾开顺供照

▲**雁荡菊** 春兰菊型奇花。本品系浙江的陈海红于1999年采自浙江乐清。

浙江 陈海红栽培

▲**奇品菊** 浙江产春兰奇花。它不仅是多萼、多捧、多舌，而且由双彩舌与一素舌合构成倒"品"字形的三叠舌。为罕见的春兰奇花佳品。

浙江 屠天新、沈国中栽培

▲**金童** 此花之合蕊柱头异化成婴童之头像状，形象惟妙惟肖。

贵州 柳往金栽培

▲**金佛之光** 四川产春兰，合蕊柱异化成一尊神清气正、笑口常开的佛爷首，端坐在红斑白唇之上，形象惟妙惟肖，神态慈祥。排列有序如屏风样的萼捧缘，金光熠熠，神奇奥妙，呈祥兆瑞。

四川 江明义栽培

▲**飞佛** 广西产春兰，合蕊柱头异化成佛首样，结合肩萼飞翘而命名为飞佛。

广西 廖炳浩栽培

▶**金翼花** 四川产春兰蝉翼花。它 三萼绀绿帽，萼基部缘镶嵌有翼状水晶透明体，格外别致而秀丽。

四川 张支富栽培

▲**神龙戟** 近年从浙江宁波象山的神龙山下山的春兰奇花。它的萼片形似我国古代兵器——戟，与产地神龙山结合而为名。也可称其为“戟瓣花”

浙江 周幼平、韩章土栽培

▲**龙头** 陕西产春兰奇花。它的萼、捧挺飘，合蕊柱高度分裂，并异化成淡绿或雪白管状小花，柱基增生众多木耳状小花瓣；大卷舌格外发达。以花形犹如龙头状而为名。

湖北 金山栽培

◀**童子花** 湖南产春兰奇花。它的合蕊柱耸立，药帽拔高如童子头像；中萼耸立，两侧增生两片萼片，似屏风般为“童子”挡风；蒲扇式似花捧似襁褓的瓣子再一层护卫着“童子”；荷形双侧萼近平举。造型独特，风韵不凡。

湖南 夏友财栽培

▲**兰梅缘** 浙江产之春兰奇花。它的外轮三萼片，虽仍属普通兰花之萼片，但中萼有好宽的膜质化白覆轮，右萼中脉间有唇瓣化迹象，而左萼虽无变化，但却增生一枚又阔又长，端且圆的萼片。它的内轮三瓣端圆，像一朵梅瓣兰花。故而为之名。本品造型虽不对称，但却富有世代感。花色秀丽，清香萦绕。

浙江 郑普法栽培

▼**绿云** 据传，本品为清代同治年间（1869年），杭州留下镇陈氏在五云山采得。后为杭州的绍芝岩发现，并出高价引种培育。它叶直立，健壮有力，短阔厚实，剪刀尾，成株底叶略扭转，叶色浓绿，秀丽文静。蚯蚓头状根尖。花莛高8～9cm，苞片淡水银红色，并泛有绿沙晕。莛花常为2朵。开品好的，每朵可开出萼片4～5片，花瓣3～4枚，唇瓣2～3个；蕊柱2～3个。萼片短阔，收根放角明显，萼端有微小的尖凸，呈里扣态；蚌壳捧（多舌多蕊柱时为蒲扇捧）；刘海舌，舌面镶有“U”字形红斑。堪为春兰多瓣荷瓣奇花的稀珍品。

在植株茁壮时，其特性会充分展示，植株生长欠佳时会退变。花开8～10片时对称性好，整形度极佳。也有仅开正常荷瓣花者或仅多1片萼片的。

浙江 凌华，福建 许东生栽培

▲**双五福** 安徽黄山产春兰奇花珍品。它的萼片、花瓣均增生，而各合为五，因而得名。造型别致，寓意吉祥，花色红艳，令人赏心悦目。

安徽 章根生栽培

▲**拥春** 四川产春兰奇花佳品。它的各部分俱增，构图别致，意寓拥有春光。着色冷暖结合，清新而自然。

四川 严俸英栽培

◀**三潭印月** 云南产春兰多舌奇花佳品。它唇瓣增生1对，形色相近，排列有序，借喻而为名。

云南 高家喜栽培

11 花艺类

Huayilei

花艺类：
花艺类是指花色或花色与花形、花姿等某个方面或几个方面搭配协调，比常见花更秀丽而雅致的兰花。

▲**板桥遗墨** 世间罕有的春兰黑花，仅是唇瓣未全黑，而苞片却有泛红晕，正象征郑板桥先生如兰的品格与爱兰、颂兰、画兰的精神永在。

《魅力兰花》编辑部供照

▲**皓月当空** 云南产春兰白花佳品。鲜红的高花莛，粉红的苞片，雪白的大花，萼、捧面红脉纹，有如书法艺术上的“飞白”，格外雅致，风仪秀具，俊逸典雅。

云南 张雄栽培

顾开顺供照

▶**红贵妃** 鲜红的花蕾，红覆轮中透式的香花，好比贵夫人之倩容，艳中有素，素中有艳。

辽宁 崔玉宽栽培

▲**包公魂** 此为春兰墨缟花。三萼竹叶形，青黄色，主脉间嵌有一粗墨缟线；对捧猫耳状，背黄面黑；葫芦形唇瓣全墨色。由于着色独特，被誉为包公魂。

福建 陈日明供照

▲**春花烂漫** 它三萼较短阔、略飘，端缀爪垂线状红彩；双捧猫耳状密披爪斑状红彩，使全花如烂漫之春花，绚丽多姿。

福建 陈日明供照

▼**红粉佳人** 本品为春兰白花被嵌粉红爪斑艺样披彩花，秀丽可爱。

云南 蔡大章栽培

二、莲瓣兰篇

莲瓣兰，是云南兰友最喜爱的国兰。莲瓣兰主产云南，其花瓣白地带粉红条纹，极似观音菩萨像下之莲座瓣。它的花期正逢春节，呈祥兆瑞。过年送花拜年，“莲瓣兰”与当地方言的“年拜兰”谐音。因而，云南人民特别推崇该兰，于明朝永乐十年，便有了“莲瓣兰”的称谓。云南大理是莲瓣兰的文化和交流中心，白族人民对白色有着特别的感情。服装主要是白色，民居也是白色，白色在白族文化中代表高贵。因此，用于拜年的莲瓣兰的传统名品“大雪素”“小雪素”，全为白色素心花。

云南是我国的生物宝库，横断山脉特殊的地理环境和气候特点，孕育了极其丰富的物种资源。得天独厚的资源，四季如春的环境条件，加上云南兰友的勤奋努力，使得莲瓣兰中的新、优、奇、特品种不断被发现，一次次打破兰花名品的传统记录，成了近年来在全国兰展中获金奖和特金奖最多的国兰种类之一。“莲瓣兰”为现代国兰观赏理念的发展做出了杰出的贡献。

莲瓣兰（*Cymbidium tortisepalum*），在兰属植物分类上，《中国植物志》中，被置于春兰之下，作为变种。《中国植物志》编委会副主编陈心启先生于2005年，在《国产兰属植物资源和常见种类名称的更动》一文中述：“由于它的花，通常2～4朵，叶基没有关节（叶柄环），因此应当作为独立种比较合适”。它隶属于蕙组（Sect. Floribundum)中的小花亚组（Subsect. Microcymbidium)。

莲瓣兰分布于低纬度、高海拔的雨量充沛的季风气候区，多集中于怒江、澜沧江、金沙江流域。以云南为分布中心，与云南接壤的其它地区和邻国也有散在性分布。

莲瓣兰，花以白色为主，但不乏五色和间彩。虽叶片细狭，但其花莛却能与叶丛面等高。莛花2～5朵，花径4.5～6cm，萼捧较短阔。

莲瓣兰，原生于冬季−7℃，夏季16℃左右的温和、湿润的环境里。人工栽培时，冬季和早春温度以勿低于−2～−3℃，夏秋勿高于25℃为宜。它根系发达，假鳞茎明显，叶片气孔下陷，又具角质层，有较强的抗逆性与适应性，各地引种都能成功。

1 素心花类

Suxinhualei

莲瓣兰素花三姐妹：
大雪素、莲瓣素、小雪素

▲**大雪素** 云南产莲瓣兰传统素心名品。明朝年间就已选出。1987年在日本东京举行的12届世界兰花博览会上获金奖，以后多次在中国及国际兰博会上获金奖，是我国乃至世界上公认的品牌兰花。它叶幅1.0～1.2cm，长45～50cm，弓垂叶态。春节前后开花，为出架大白花。莛花2～5朵，三萼之中段有放角状。花容端庄，清香幽远。

云南 张志宗，福建 许奇栽培

▲**小雪素** 云南产莲瓣兰传统素心名品。花色雪白，明朝年间就已选出。它为细叶种，莛花数量较"大雪素"少，且花冠较小，萼片、花瓣也较小，萼片中段不放角，而区别于大雪素。

云南 孙智勇栽培

▲**高莛素** 云南产莲瓣兰白花素佳品。花莛高出叶丛面。花萼、花瓣较短阔，萼端多有较长的尖凸。花容晶莹无暇，鲜亮夺目，芬芳馥郁。

云南 孙智勇栽培

▲**碧龙洁** 云南产莲瓣兰白花荷形素。花被色白而半透明，其间披挂有淡绿脉纹。

云南 李映龙栽培

▲**芙蓉素**　云南怒江林野产之莲瓣兰淡粉红色素心花。因其花色犹如午后的“三醉芙蓉”的花色而为名。曾名“太白素”。造型新颖，风姿婉妙，袅娜欲飞，香清气爽，令人陶醉，堪为莲瓣素之稀珍品。

云南　黄开寿栽培

▲**水晶素**　四川产莲瓣兰白色素心花佳品。

它花莛、花柄净白，花冠大，花色雪白而有半透明之质感。晶莹剔透、明净和谐。

四川　李炳林栽培

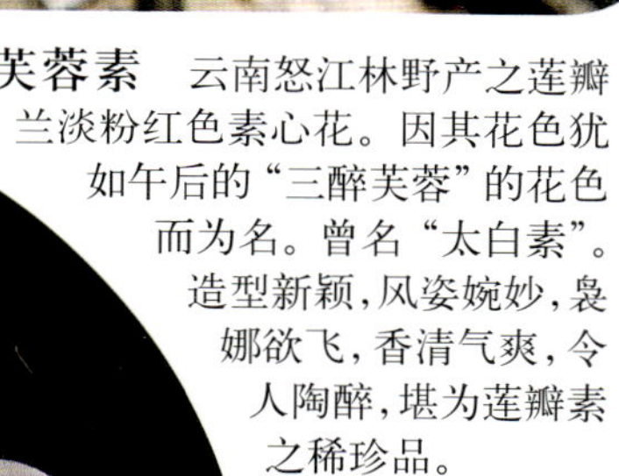

◀**丽人素**　云南产莲瓣兰白色素心花稀珍品。它花莛出架，开中大形平肩花。绿花莛，淡粉红花被，瓣质较厚而又有半透明质感，犹如靓女丽颜。堪为莲瓣素品外之奇。

云南　孙智勇栽培

▲**金荷素**　云南产莲瓣兰黄色荷形素心花。中萼端放角，前倾遮阳态，肩萼向下斜垂，呈蛋圆形，端缘有放角、紧边，基细收根；蒲扇式捧；白大卷舌。美中不足的是肩萼中段过于肥大，致使端放角不够显现，肩萼体也较长。全花金辉莹射，雍容华贵。

云南　龙应洪栽培

▲**绿筋荷素**
云南产莲瓣兰白色荷形素心花佳品。三萼较短阔，端放角、紧边，基收根，里扣态；蚌壳捧；大卷舌。绿筋明快，花色素净。美中不足的是肩萼中段过于肥阔，致使端放角不够典型。

辽宁　崔玉宽栽培

▲**雪仙素**　云南产莲瓣兰白色水仙瓣素心花。三萼较短阔，端钝、紧边，基收根；半硬捧；如意舌。堪为水仙瓣素心花。尤为别致的是，萼片基部微泛淡淡的红晕，如出水芙蓉，显得更加可爱。

云南　和寿春栽培

▲**青荷素**　云南产莲瓣兰绿色荷形素心花。三萼较短阔，端放角、紧边，基细收根，微里扣态；蒲肩式捧；白卷舌。全花白底披青筋、泛绿晕。惟捧端较尖，只能称荷形素。

云南　龙应洪栽培

▲**羊脂玉素**　云南产莲瓣兰白色素心花。萼片较阔，里扣态；蒲扇式捧；卷舌。乳白色花被。

云南　金璐兰苑栽培

▲**庆麟素** 本品叶幅虽不阔，而花却格外大。三萼特别短阔，呈大蛋圆形，细收根，端有尖凸；蒲扇式捧；大卷舌。花被白，披有淡青筋脉纹。堪为大型莲瓣素。

云南 顾开顺供照

▲**孟君素**
四川会理产莲瓣兰荷形素心花。它花大、萼片阔。但因萼片放角不显著和萼体稍长而无缘跻身于荷瓣素心花行列。

四川 孟显荣栽培

▲**碧龙玉素** 云南洱源县罗坪山产之莲瓣兰白色素心花。本品花大，花瓣阔，花容端庄，花色白而有半透明质感。曾获第七、八、九届中国兰博会金奖、银奖及张学良将军纯金奖。

云南 李映龙栽培

▲**小庆麟素** 云南迪庆产莲瓣兰素心花。曲靖兰友引种(曲靖原名麒麟城)，各取地名一字而为名。小庆麟素的萼捧虽没有“庆麟素”阔、大，但其花色却十分乳白。曾获云南省第五届(曲靖)兰花博览会特金奖。

云南 吴毅光栽培

▲**绿杆素** 云南产莲瓣兰素心花佳品。花色雪白，瓣质薄而半透明，在绿杆、绿柄的映衬下，显得生机隽永，令人赏心悦目。

云南 孙智勇栽培

▼**宝姬素** 莲瓣兰荷形素花名品。2002年，大理麒麟兰园蔡绍斌先生育出，为纪念明代大理名媛段宝姬而命名。该品是莲瓣兰宽叶素心兰的代表品种，叶片宽厚挺拔颇具内劲。每年1～2月开花，株开3～4朵，花舌大圆且素净洁白，有如洱海明月；端庄秀丽，清香幽远，堪为莲瓣素中的佼佼者。

照片引自云南兰花网

▲**维贵素** 云南维西县产莲瓣兰素心花。为李炳贵发现引种。各取产地名、发现人名一字而为名。它萼捧短阔，刘海舌，风采不凡。

云南 李炳贵、黎兴胜、顾开顺栽培

段宝姬，出身大理名门，自幼喜爱兰花，虽一生命运坎坷，但仍始终保持着卓尔不群，不与流俗为伍的高洁气质。公元1393年，她在点苍山下建立兰苑，并携童子走遍三迤群山巨川，广罗幽兰。她的朋友根据她苑中的栽培，写下《南中幽芳录》一书，记载了当时大理的许多著名品种。大雪素、小雪素都是该书中记载的品种。

2 梅瓣类

Meibanlei

莲瓣兰五朵金花：
滇梅、奇花素、剑阳蝶、苍山奇碟、黄金海岸

▲**白彩梅** 云南产莲瓣兰白色梅瓣花。三萼短阔，端圆、紧边，起兜，基部收根，肩萼下斜；观音捧；如意舌。可惜肩萼不等大，形态也有异。

云南 孙智勇栽培

▲**元宝雪梅** 云南产莲瓣兰白色梅瓣花。三萼长脚阔头，端圆紧边，基细收根，里扣态；分窠挖耳勺状捧兜；大如意舌。花被洁白晶莹，萼端、舌端有画龙点睛般的点缀和中宫红斑黄晕交相辉映，秀外慧中。美中不足的是肩萼不等大。

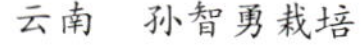

云南 孙智勇栽培

▲**点苍梅** 云南产莲瓣兰藕色梅花。已正式登录，登录号067。曾荣获中国第六届兰花博览会银奖。三萼长脚大圆头，端圆、紧边，里扣态，基细收根；蚌壳态捧，端缘略有浅兜，刘海舌，应为梅型水仙瓣花。花容端庄，花色秀丽。

云南 李映龙栽培

▲**凤祥梅** 云南产莲瓣兰绿色梅瓣花。三萼蛋圆形，里扣态，端缘紧边，基细收根；分窠蚕蛾捧；如意舌。堪为梅瓣花。美中不足的是左肩萼形态略差些。

云南 赵雄栽培

▶**滇梅** 云南产莲瓣兰红色梅瓣花，为莲瓣兰五朵金花之首。曾名大理红梅、包草、云岭红梅、盖世梅等，1995年由云南大理巍山人包氏选育，2001年在大理州兰展上首次亮相，随后由兰家李映龙带往彭州兰花博览会上获得金奖，潘光华先生命名，并由李映龙先生于2002年登录入中国名品兰花，同年获第十二届中国兰花博览会金奖。此后曾多次在省、全国兰花博览会上获金奖。为细叶型莲瓣兰，最显著特征是属于较少见的卷曲叶，三萼短阔，蛋圆形，近平肩，端圆、紧边，基细收根；分窠深兜捧；刘海舌。花被披鲜红纹彩，满泛淡紫黄晕，花色绚丽，清香四溢。

云南 李映龙栽培

▲**一品白梅** 云南产莲瓣兰白色梅瓣花。三萼短阔，端圆、紧边，基收根，里扣态；挖耳捧兜，五瓣分窠；刘海舌。美中不足的是肩萼不等大。花型硕大，花色素雅，白唇端缀一红斑，如画龙点睛，为白花增辉。

云南 陈述新栽培

▲**赤壳梅** 云南产莲瓣兰红色、梅瓣花。本品植株已出线艺。三萼短阔，呈蛋圆形，端圆、紧边，基细收根，中萼前倾，肩萼略垂；观音捧；大如意舌。花色绚丽，令人珍爱。

云南 陈述新栽培

◀**碧龙寿桃** 云南产黄莲瓣兰变体梅瓣花。本品已经正式登录。曾荣获第十届中国兰花博览会“金奖”。它的萼片格外短阔，呈短椭圆形，萼基细收根，端圆、紧边，尖凸后倾，似桃蒂状；蚕蛾捧，端缀红圆斑，似蚕头；如意舌面缀点、镶边、泛晕，别致而秀雅。

云南 李映龙栽培

▲**千禧梅** 本品2001年由云南大理洱源县裕菊兰苑杨光裕选育开发。2006年12月28日登录。命名者陈炎、孙智勇；登录者马志宏、杨红新、陈明举。本品叶长40cm，叶宽约0.7cm，浓绿而质硬的叶片弓形弯曲，叶片先端有水晶嘴。一莛花开3～4朵，外三瓣头圆紧边，基收根。花瓣硬捧白头，润糯起深兜；唇瓣白色，上缀有红圆斑。花色粉红，清香幽远，花容端正，气质不凡。

云南 孙智勇栽培，照片引自云南兰花网

▶ **双禧梅** 云南产绿色莲瓣兰梅瓣花。三萼长脚圆头，端紧边，基收根，里扣态，近平肩；分窠观音兜捧；大铺舌。中萼前伸遮阳态，肩萼里扣态；双捧合抱合蕊柱，洋溢着含蓄。双捧端缘雄性化体之上，镶嵌眼珠般的红圆斑，形象而别致。寄寓双喜临门，令人赏心悦目。

云南 孙智勇栽培

3 水仙瓣类

Shuixianbanlei

077 〉〉〉 078
水仙瓣类 〉〉〉 水仙瓣类

▲**滇仙** 云南产莲瓣兰正格水仙瓣花。三萼较长，基细端较圆阔、紧边，端尖有小尖凸，中萼前倾遮阳态，肩萼近平举；半硬捧；如意舌，厚缘起大兜。从捧、鼻、舌的异化与未绽之花蕾看，本品异化潜力颇大。

云南　孙智勇栽培

▲**周氏梅仙**
云南产莲瓣兰红色梅型水仙瓣花。由于本品的花瓣仅是紧边或有浅兜，而只能称为梅型水仙瓣花。花色秀丽，清香浓郁，令人赏心悦目。

云南　周维德栽培

▲**龙珠** 云南产莲瓣兰红色水仙瓣花。萼片较短阔，近端部放角、端尖基细，里扣态；半硬棒；卷舌。堪为荷型水仙。花容端庄，花色绚丽。

云南　李映龙栽培

▲**蟠桃** 云南产莲瓣兰红色荷型水仙瓣花。三萼短阔，中段格外宽阔，端有尖凸，基收根，似桃形；蚌壳式捧缘紧边或有浅兜；大铺舌。花容端庄、硕大，着色鲜丽。

云南 杨朝政栽培，樊有德供照

▲**飞鹰** 云南产莲瓣兰白色变体水仙瓣花。三萼较阔而长，且有挺飘浪曲，但萼端有紧边，萼基也有明显收细；花瓣虽略长些，但瓣端能明显起兜，大铺舌。花容形似飞鹰，洋溢着动态美。花色秀丽，清香远逸。

云南 孙智勇栽培

◀**绿嘴金仙** 云南产莲瓣兰黄色水仙瓣素心花。萼片较短阔，端钝而有紧边，基收根；花瓣蒲扇式，端缘有明显紧边、起兜；大卷舌。堪称水仙瓣花。雍容华贵，幽香宜人。

云南 孙智勇栽培

4 线艺类

Xianyilei

▲**苍山之光** 此为云南莲瓣兰传统素心名品"小雪素"的线艺品。株叶出中透、中斑艺，花出白爪艺。是叶、花皆艺的素心名品。

广东 陈少敏供照

▲**北极星** 云南产莲瓣兰，白中透缟艺佳品。

云南 李映龙栽培

◀**鳞波** 云南产莲瓣兰线艺佳品。本品在白曙艺斑之上，缀有疏密有致的浪状绿色斑纹，汇聚成了"蛇皮艺斑"。十分秀丽。

云南 孙智勇栽培

5 捧蝶类

Pengdielei

莲瓣兰十大名花：
滇梅、荷之冠、剑湖菊、大雪素、碧龙、红素、奇花素、剑阳蝶、大唐凤羽、苍山奇蝶、领带花(黄金海岸)

▲**蝶花丰碑**
云南产莲瓣兰蝶花稀珍品。兰花中的肩蝶、捧蝶和奇蝶，已司空见惯，而中萼片完全唇瓣化却甚为罕见。故以“蝶花丰碑”为名。花色绚丽，令人珍爱。

云南　贾丽华栽培

▲**花捧蝶**　云南产莲瓣兰捧蝶花。本品的花瓣仅是上半侧唇瓣化，而不是全唇瓣化，故称为花捧蝶。它造型独特，花色绚丽。

云南　石纯尧栽培

▲**钱玉蝶**　云南产莲瓣兰捧蝶花佳品。本品双花瓣完全唇瓣化，捧蝶呈飞态，缀斑鲜丽。陈心启先生命名，已正式登录，登录号141。

云南　汤建栽培，顾开顺供照

▶**丽江星蝶**　云南产莲瓣兰捧蝶花佳品。花瓣短阔，呈斜立态，似猫耳状，完全唇瓣化，缀斑红艳。

云南　张玉洪栽培

▶**盛祥蝶**(右二图) 2001年下山于云南兰坪县是莲瓣兰叶蝶三星蝶名品。前期主要由云南巍山张玉祥、张建波等人开发，现已被云南、四川等地的不少兰友引进，而张氏父子当初在前往购得这个品种的过程中还路遇车祸，险遭不测，也算是用生命换回来的珍贵品种。经过几年的培育，盛祥蝶的叶蝶、三星蝶近年来连中萼片也开始有了蝶化现象。

盛祥蝶的叶蝶颜色鲜艳，彩块分布均匀，对比度好，蝶化叶多，新老苗多有叶蝶，更难得的是蝶化的叶片能持续很长一段时间，并且不会像其他蝶草那样焦掉，尚可转化成正常叶片。

照片引自玉溪兰花网

▼**汗血宝马**(下图、中图) 2002年自云南云龙旧州下山，是莲瓣兰与豆瓣兰的自然杂交种，具备了莲瓣兰的清秀、幽香，以及豆瓣兰瓣质厚、花朵大的优势。本品为叶、花双艺蝶花，特别是叶蝶出众。叶7片，株心对峙叶呈现蝶化艺，为覆轮式、侧化、龙形（线条）式叶蝶艺。着花两朵或三朵，花朵硕大，为标准三星蝶；花瓣厚实，颜色为三星蝶中不常见的黄绿色。

云南 李映龙栽培

▲**大唐凤羽** 2001年由云南大理巍山兰家黄德敏发现并培育，是莲瓣兰矮草新种。2005年在第十五届中国（乐山）兰花博会上获大奖。已于2006年登录中国名品兰花。莛花2～3朵，捧瓣唇瓣化程度高，勘为“三星蝶”。更珍稀的是其2～3枚株心叶唇瓣化达三分之二以上，并缀鲜红斑块。是花叶同蝶之上品。

云南 黄德敏栽培，照片引自中国兰花交易网

▲**馨海蝶** 云南产莲瓣兰捧蝶花佳品。双捧短而阔，呈猫耳状，捧蝶缘镶阔白覆轮，披彩缀斑鲜丽，在黄彩萼片的映衬下，鲜艳夺目。

《魅力兰花》编辑部供照

▲**白花捧**
云南产莲瓣兰白色捧蝶花。双捧较短阔，耸立态，粗看是个素雅的捧蝶花。细看，捧质较厚而硬，尚未达到变薄、变白的白肉化，其褶片和侧裂片也不显著。严格说仅是白花捧而已。

云南 李复兴栽培

▼**玉兔** 云南产莲瓣兰捧蝶花佳品。1990年自云南维西县下山，昆明兰友纪家祥发掘并培育，又名“玉兔彩蝶”“玉兔蕊蝶”。三萼白色带彩条，双花捧完全蝶化，耸立如兔耳状，蝶心为紫红带橘红的浓艳色彩，瓣边为雪白的镶边。缀斑构图别致，色彩绚丽。在第三届全国（深圳）兰展上获金奖。

云南 李映龙供照

▲**金蝶望月** 云南产莲瓣兰黄色捧蝶花。中透艺似的金黄色萼片，姿态各异；完全唇瓣化之黄花瓣，近乎同形同色，恰似黄色美人蕉花状，耀眼斑斓，为罕见之黄莲瓣捧蝶花。

云南 孙智勇栽培

▲**玉猫** 云南产莲瓣兰绿色捧蝶花佳品。中萼直立，肩萼近平举；完全唇瓣化之花瓣短阔而圆，基扭端略挺，神似猫耳状；大圆舌。造型俊俏，色彩秀丽。

云南 孙智勇栽培

▲**复色捧蝶** 云南产莲瓣兰捧蝶花。复色又镶白覆轮的三萼片挺飘；双捧短阔，形态、缀斑、披彩多样。风姿婉妙，异彩纷呈。

云南 孙智勇栽培

▲**碧龙红素**(上图、右图) 云南澜沧江流域产莲瓣兰红色捧蝶花奇品。1991年由云南大理云龙兰叟赵树德采集培育。2001 年由李映龙以“碧龙红素”之名登录入中国名品兰花，2001 年获第十一届中国（贵阳）兰花博览会“金奖”，此后多次在省及全国兰博会上获金奖。三萼竹叶型，镶白覆轮，绿脉纹清晰，中脉披一红线；长宽适中的花瓣位于合蕊柱两侧，向前斜伸，镶宽白覆轮，其内一派鲜红色。从其褶片和侧裂片全俱，可评为红素捧蝶花。

云南 李映龙栽培

▲**丽江花蝶** 云南产莲瓣兰绿色捧蝶花。花瓣较宽而长，周缘镶有宽白覆轮。捧面尚有不少绿苔未褪去，因而尚不能称为完全唇瓣化的捧蝶，仅能称为“花捧”。曾多次荣获省地及全国兰花博览会“金奖”。

云南 贾丽华栽培

◀**嫣蝶** 云南产莲瓣兰红色捧蝶花。本品双捧的形态、着色和唇瓣化的程度各异。绰约多姿，美不胜收。

云南 金璐兰苑供照

▲**双飞蝶** 云南产莲瓣兰黄色棒蝶花。它不仅萼片呈飘飞态，连半唇瓣化的花瓣也似大鹏展翅状，构成比翼双飞态。布局奇特，意境深远。

云南 石纯尧栽培

▲**红水花棒** 云南产莲瓣兰花棒蝶。双棒斜立，端缘有白深爪样镶边，但尚未全部如唇瓣样的白肉化，褶片、侧裂片也不明显，仅是棒心色彩部有流水状的点缀，这仅能称为“花棒”，尚不能称为“棒蝶”。此红色流水状的点缀、格外独特，令人欣羡。

云南 杨沛光栽培

▲**红满天**
2006年春，于四川金沙江流域下山。为莲瓣兰彩棒蝶花中最优秀的品种之一。本品株叶6～7片，长约50～60cm，叶宽0.6～ 0.8m，沟槽深，叶脉通透，斜立叶态，洒脱飘逸。春季开花，每莛花开2～3朵，花朵大，朵朵如一。双棒唇瓣化，唇化部分缀紫红斑，并长有细密的一层绒毛，色泽鲜艳。花色艳丽，香气幽远。在近几年的省级、国家级兰花博览会上连年获金奖、特金奖。

云南 李映龙栽培

▲**满江红** 云南产莲瓣兰棒蝶花。本品叶片半弓垂，宽约0.8cm，长约36cm，株叶5～8片，在长出4～6片叶时，通常会出现叶蝶或叶中花。叶芽出土时有红水晶体，花苞出土时呈红麻色。花内三瓣乳化成纯白唇瓣，唇瓣上缀红色U字斑；三萼荷形，绿筋条纹明显，带有白色复轮。花朝天开放，一莛着花2～5朵。性状稳定，春节前后开花。花形端庄典雅，雍容华贵，是莲瓣兰三星蝶中之罕见珍品。曾获第十九届中国（温江）兰花博览会特金奖。

云南 李映龙栽培

6 肩蝶类

Jiandielei

莲瓣兰三剑客：
剑阳蝶、剑湖奇、剑湖菊

▲**端庄剑阳蝶** 此为"剑阳蝶"品系中的粉白主色之端庄花品。

云南 陈述新栽培

▲**蓝彩蝶**

云南产莲瓣兰绿色肩蝶花。肩萼唇瓣化过半，缀点浓淡交辉。奇特的是，唇瓣化部分为雪白色，而没唇瓣化部分却为蓝色，故而得名。此外，本品唇瓣之侧裂片格外发达，似正在飞翔的彩蝶，其缀点又对称，十分别致。

云南 孙智勇栽培

▲**吻态剑阳蝶** 此为"剑阳蝶"品系之一。两朵圆肩蝶花，上下相对而生，犹如一对恋人在热吻。柔情绰态，令人陶醉。

云南 陈述新栽培

▲**剑阳蝶** "剑阳蝶"为20世纪90年代初发现的莲瓣兰外蝶花珍品。本品的发现并栽培者为云南省剑川县李剑。由兰界泰斗吴应样命名，取剑川的"剑"与本品系外蝶为阳而命名为"剑阳蝶"。并于1993年登录入中国名品兰花(登录号005)。1994年第四届中国兰花博览会上获金奖，此后在省、全国兰花博览会上多次获金奖。2006年中国兰花博览会上获莲瓣兰唯一特金奖。是目前莲瓣兰获省、全国金奖总数最多的名花之一。本品假鳞茎呈圆锥形，叶长30～40cm，宽6～7mm，叶断面呈浅"V"字形，色浅绿，半革质，脉纹明显。花期1～3月，莛花3朵，肩萼唇瓣程度高，色彩对比鲜明。经多年的驯化栽培，已出现有多种花姿、花色，形成了系列，是闻名中外的外蝶花珍品。

云南 张玉洪栽培

▲**宝莲蝶** 云南产藕色莲瓣兰肩蝶花佳品。肩萼唇瓣化程度高，全花色彩丰富，曾获云南省第五届兰花博览会银奖。

云南 苏力栽培

▲**翘肩粉蝶**

云南产莲瓣兰白色肩蝶花佳品。中萼短阔而后挺，肩萼略耸起，端斜垂，唇瓣化程度高，缀点鲜丽而简洁。全花粉白披红筋纹，显得十分秀丽。

云南 孙智勇栽培

▶**牛角肩蝶** 云南产莲瓣兰白色肩蝶花珍品。肩萼唇瓣化程度高达萼面的三分之二，朵朵肩蝶花如倒挂的牛角状而为名。造型别致，色彩绚丽。

云南 孙智勇栽培

7 奇花类

Qihualei

莲瓣兰八大新花：
大唐凤羽、国色天香、锦上添花、金沙树菊、盛洋蝶、满江红、红满天、素冠荷鼎

▲**碧龙奇莲** 云南产莲瓣兰红色多瓣奇花。它的合蕊柱已明显拔高并初现异化，其唇瓣也异化成花瓣样。曾获第十一届中国（贵阳）兰花博览会“银奖”和云南兰展金奖，并已正式登录。

云南 李映龙栽培

▲**领带花** 云南产莲瓣兰红色多唇瓣奇花珍品。又名“黄金海岸”。1991年由云南大理兰家谢时生发现、培育并命名，后又被台湾兰家江元天取名“黄金海岸”。此后由广东兰家登录入中国名品兰花。2001年在云南大理新千年兰展上首次亮相获特金奖，引起轰动。2003年在十三届中国兰博览会上获金奖，此后在省、全国兰展中多次获金奖。本品萼片、花瓣为正格态，萼捧基下增生的10余个短而圆的唇瓣于合蕊柱下缘半环绕而着生，好比西装的领带而为名。增生的舌瓣，大小不一，有时多达三十多瓣，造型独特，色彩绚丽。

云南 李映龙栽培

◀**奇花素**(左图、中图) 云南产莲瓣兰绿色素心奇花佳品。曾名“碧龙奇素”“碧玉奇素”。莲瓣兰五朵金花之一。1992年由云南大理祥云木匠师傅周中上发掘培育（一说为1995年前后发现于金沙江支流的幽谷峻岭）。2001年由兰家石纯尧登录入中国名品兰花。同年在首届云南省（大理）新千年兰博会上获金奖，2002年在第11届中国（贵阳）兰博会上获金奖，2003年在第13届中国（大理）兰博会上获金奖，2004年在第14届中国（玉溪）兰花博览会上获金奖。为变异较高的绣球鼻素花。它的合蕊柱已现异化，其周围已有木耳状小花瓣增生，唇瓣也异化成花瓣状。

云南 李映龙栽培

◀**大唐奇观** 云南怒江产莲瓣兰藕色多舌奇花珍品。云南巍山县黄德敏选育并登陆。本品的唇瓣因子格外充盈，能增生6_8枚，估计这格外充盈的唇瓣因子，可以较快地回馈假鳞茎，传递给新芽而出现“叶蝶艺”。本品的众多唇瓣独能环绕合蕊柱一周而有序地排列，恰似花中花。堪为亘古奇观。

《魅力兰花》编辑部供照

▲**玲珑春** 云南产莲瓣兰多舌奇花。又称“小领带”。本品红花莛、红花柄，白底花被披红彩、泛红晕。朵花增生唇瓣2_4枚。花容俏丽，清香四溢。

云南 金璐兰苑供照

◀**金菊莲** 云南产莲瓣兰黄色菊型奇花。它的唇瓣异化成花瓣状并与萼片合成轮状排列，如菊花之外轮花瓣；合蕊柱已有分裂异化，在其周缘增生了数枚木耳状的花瓣，共构成菊型奇花。

云南 孙智勇栽培

▶**玉龙春** 云南产莲瓣兰增萼多舌奇花。它在双舌之下方，增生1枚挺飘如龙的唇瓣化萼片，为双舌奇花增添了风采。

云南 张志宗栽培

▲**剑湖奇**
云南产莲瓣兰多捧、多舌奇花。花姿绰约，秀外慧中，香清气爽，沁人心脾。

云南　陈述新栽培

▲**国色天香**　云南大理产莲瓣兰奇花。由张驰云选育开发，2004年放花，2006年首次参加大理市迎春兰展即获金奖。2007年3月20日登录。命名者马志宏，登录者张驰云、王明亮、杨家良。株高30～50cm左右，叶宽0.7～1cm左右，斜立叶态，叶下缘偶有彩晕；小芽深紫红带红水晶，叶鞘也带紫红水晶。花出架，花杆较硬；每葶着花2～3朵，花蕾紫红色；萼、捧无异均挂紫红晕；合蕊柱退化，花心部长出多个唇瓣（多时可达30个左右），唇面白底缀红斑块，对比鲜明。花香宜人。

云南　张驰云等栽培，王明亮供照
照片引自云南兰花网

▲**蜡梅**
云南澜沧江畔产之莲瓣兰黄色奇花。它不仅花序异化成伞形花序，莛顶聚生了3_4朵花，而且其合蕊柱拔高，分裂异化成数朵如花菜样的小花，形如盛开的一串蜡梅花而为名。造型别致，雍容华贵，清香宜人。

云南　李亮成栽培

▶**南国彩球**　云南曲靖产藕色莲瓣兰花序异化型奇花。本品一改兰花的总状花序为复伞形花序。即通常莲瓣兰多为一莛互生的3朵花，而本品却在每个花柄端聚生3朵花，成了3簇伞状花。曾获云南（曲靖）第五届兰花博览会银奖。结构奇特，古今罕见。

云南　王凤涛栽培，顾开顺供照

◀**金沙树菊** 本品为2004年四川会理下山的阔叶莲瓣兰多瓣、树形奇花。又名“千手观音”。由张平发现，孟显荣、贺志远、李时安、张平等共同栽培。潘光华先生命名。本品花莛分叉，苞片花瓣化，花瓣多，菊形。花色粉白，为十分珍稀的树形、多瓣奇花。2006年在云南省大理州(鹤庆)第十届兰花博览会上获金奖。

本品奇中有正，奇中有序，每朵花基本分为5个层次：一层为3～4片窄萼片；二层萼片略增宽；三层萼片增宽较多；四层似萼片又似花瓣，出现蝶化，瓣片数量也增多；五层格外奇特而瑰丽，花瓣出现了4～6硬棒或半硬棒，团团地抱合着。

云南 开盛兰苑，杨开摄影

▼**锦上添花**(下图、右图) 云南大理产莲瓣兰典型的子母花。于2001年2月下山，由大理州巍山县兰家黄德敏发现、命名并培育。2004年8月12日，刘光全登录。2005年获第十五届中国（乐山）兰博会银奖；2007年获第十七届中国（武汉）兰博会金奖；2008年获中国（大理）国际兰博会特金奖。本品株高30～45cm，叶斜立，叶尖略下垂，叶芽粉白色；花苞白绿色，花杆较粗，春节前后开大出架花。每朵花的花柄基部都生一朵小花，小花也多瓣，蝶化明显，为莲瓣兰中稀有珍品，性状稳定。本品与其他子母花区分的最明显特征之一是本品子房较为膨大。

照片引自云南玉溪兰花网，李幼生摄影

8 奇蝶类

Qidielei

莲瓣兰新五朵金花：
大唐凤羽、金沙树菊、锦上添花、磬海蝶、碧龙红素

苍山奇蝶(上四图) 云南产莲瓣兰多舌、多棒奇蝶花。为莲瓣兰五朵金花之一。

1991年由云南赵树德在大理云龙县发现，后李映龙、黄德敏、石纯尧等多位兰家均有栽培。此品株高30～50cm，叶宽0.6～0.8cm，叶片较薄。易烧尖，是该品种一个显著的特征。花出架，每葶着花2～3朵，仰天开放。中萼片大部分蝶化，白底起紫红斑块，色彩艳丽夺目。每年开花都呈现出不同的蝶化形态，有时开出棒蝶，有时开出完整的三星蝶，有时整个中萼完全蝶化，有时开出四星蝶，最多时候开出7个花舌的牡丹瓣。因其开品变化多端，被誉为“千面观音”“变脸蝶”等。

由于其年年变化，年年蝶先后出现过“碧龙蝶”“云甸奇蝶”“啸天豹”“点苍牡丹”“三星蝶”“望天蝶”“九鼎奇蝶”等品名，并多次以不同名称、不同开品获全国及省、地兰展金奖。

云南　李映龙等栽培，部分照片引自云南兰花网

◀**啸天豹** 为“苍山奇蝶”的一种开品。

云南　金璐兰苑供照

▲**孙氏奇蝶** 云南产莲瓣兰多舌奇蝶花。三萼挺飘，捧瓣唇瓣化，合蕊柱基部增生小唇瓣，缀斑鲜丽，风姿婉妙。

云南 孙智勇栽培

▲**奥运素蝶**

本品系2008年孟春下山之莲瓣兰绿色素心奇蝶。为纪念奥运而为名。此花初绽时，便可见到萼捧增多，呈菊型排列，并有部分花瓣局部唇瓣化。继而，合蕊柱拔高，异化成花上又有素心奇蝶花。结构奇特，色泽素雅，风韵不凡。

云南 陈国正选育

▲**剑湖宝蝶**

云南产绿莲瓣三舌、双鼻捧蝶花。花瓣的唇瓣化程度与形态各异；雪球似的花药帽分立于双捧基部，好比龙珠样。飘逸绰态，神妙造化，令人耳目一新。

云南 陈述新栽培

▲**碧龙菊** 云南产莲瓣兰奇碟花，集多蕊柱、多舌和花瓣部分唇瓣化于一花。花色白底泛红晕，条彩鲜明，性状稳定。曾获第七届中国兰花博览会金奖和张学良将军纯金奖、第九届中国兰花博览会银奖。

云南 李映龙栽培

▲**剑湖菊**(上图、下图)　云南产莲瓣兰菊型奇蝶花珍品。又名陈氏牡丹。由云南大理剑川兰家陈述新选育出，潘光华先生命名。于2001年登录入中国名品兰花，曾获云南省第一届、第二届兰花博览会特金奖和第十一届中国兰博会金奖。为剑川兰花“三剑客之一”。本品的合蕊柱已分裂异化，萼片、花瓣、唇瓣增多，有的花瓣已部分唇瓣化，共构成奇而有格的菊型奇蝶花。

云南　陈述新栽培

▲**天外天**　云南产莲瓣兰花序异化类奇蝶花。本品在花蕾膨大时，子房逐渐分节拔高并分裂。各节间出现了轮生或互生的苞片状唇化萼片，最后于端部开出朝天态多瓣奇蝶花。造型奇特，亘古未闻，花色秀丽，馨香宜人。曾获第十二届中国（彭州）兰花博览会金奖。

云南　杨华、邹天府栽培并登录

▲**五彩菊蝶**

云南产莲瓣兰菊形奇蝶。本品为斜立弓垂叶态，莛花2朵。由于合蕊柱已分裂并异化成小花瓣，继则有花瓣增生并有部分唇瓣化，萼片和唇瓣随之增多，呈菊花形排列，多姿多彩。

浙江　凌华栽培

9 水晶艺类

Shuijingyilei

▲**飞龙** 四川产莲瓣兰水晶艺珍品。全株富含水晶艺体，在其作用下，株叶皱卷、翻扭、挺飘，状如群龙飞舞，美妙绝伦。

四川 张长林栽培

▲**青山晶龙** 云南产莲瓣兰矮种，超级龙型水晶艺珍品。日月川容，朝晖微照，灼然腾秀，亭然露奇。

云南 孙智勇栽培

▲**剑湖晶梅** 云南产莲瓣兰水晶艺梅瓣花珍品。本品株叶端有明显的水晶艺，叶硬而半弓垂。花为标准的梅瓣花。从苞片、花蕾、花被，均可看到有明显的凹陷和浮凸，这充分说明是水晶艺体所作用的结果。花容端庄秀雅，令人赏心悦目。

云南 陈述新栽培

◀**晶河** 云南产莲瓣兰水晶艺复色花佳品。本品的叶缘、苞叶、花莛、子房均含有水晶艺体。萼片、花瓣缘均镶有水晶艺边。萼片、花瓣面上的水晶艺体阔大似河，在水晶艺体的作用下，萼、瓣缘褶皱，萼瓣体扭翻、挺飘。花容多色相间浮泛，绚丽斑斓。

云南 孙智勇栽培

▶**透晶腾龙** 四川产莲瓣兰水晶艺珍品。大中透式的水晶艺带着绿色的生机，腾空而起，启人奋发，风韵盎然。

四川 张长林栽培

10 荷瓣类

Hebanlei

▲**魁荷**

云南产莲瓣兰荷瓣花珍品。三萼格外短阔，收根、放角典型，端缘紧缩里扣；短阔蚌壳捧合盖合蕊柱；大圆舌端面缀有对称红斑块。花容端庄，花色秀丽。

云南　孙智勇栽培

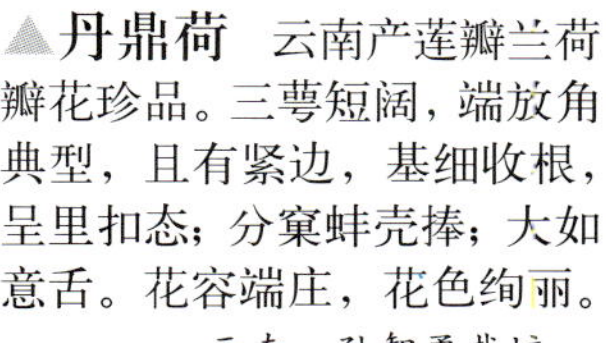

▲**丹鼎荷**　云南产莲瓣兰荷瓣花珍品。三萼短阔，端放角典型，且有紧边，基细收根，呈里扣态；分窠蚌壳捧；大如意舌。花容端庄，花色绚丽。

云南　孙智勇栽培

▶**朱丝荷**　云南产莲瓣兰朱丝荷瓣花。三萼片中心披一鲜红杠，与唇面上别致的红斑相烘托，使全花更加秀丽可爱。如果中萼片能短阔些就更好。

辽宁　崔玉宽栽培

▲**红舌荷**　云南产莲瓣兰藕色荷瓣花。花容端庄，花色秀丽，尤其是萼片端缀红斑和鲜红舌镶阔白缘更能相得益彰。可惜的是莛上其它花不一定有如此好开品，也许是花期水肥调控不当之故。

云南　孙智勇栽培

▲**黑晶荷** 云南产藕色莲瓣兰荷瓣花。本品奇特的是，萼端尖镶有水晶艺体，当花开足后，水晶艺体逐渐转为黑褐色而成了黑晶艺，实属罕见。

云南 张志宗栽培

▲**点苍红荷** 云南产藕色莲瓣兰荷瓣花。萼捧缘嵌白覆轮，外红里黄，白大铺舌缀斑对称，雍容华贵，十分可爱。

云南 石纯尧栽培

▲**金红荷**
云南产藕色莲瓣兰荷瓣花。花容端庄，花色富丽。

云南 石纯尧栽培

▲**金元荷** 云南产藕色莲瓣兰荷瓣花。取花色金黄与舌面端缀一红圆斑而为名。下山新种，有待于育壮后复花，可有个好开品。

云南 石纯尧栽培

▲**丽江红荷** 云南产莲瓣兰大型荷瓣花。本品叶短阔，叶基紧企，叶端弓垂，叶鞘端形圆起兜。花期春节，花特大而出架，花味清香幽远。

云南 和寿春栽培

▲**泸霞荷**

四川产藕色莲瓣兰复色荷瓣花。花容端庄秀雅，花色似彩霞，十分艳丽。但底部一朵花的开品较差，有待于翌年花期调控好水湿，可望有个好开品。

四川 曾毅栽培

▲**四喜荷** 云南产莲瓣兰荷瓣花。本品大圆舌面上缀有排列有序的4个红斑，因而为名。花容端庄秀雅，花色妩媚娇艳。

云南 孙智勇栽培

▲**川荷** 云南产藕色莲瓣兰荷瓣花。花容端庄，着色艳丽，花香四溢，但肩萼基收根尚不够细，致使端放角不那么显致。

云南 赵如宽、张正宝供照

▲**彩盖荷** 云南产红莲瓣兰荷瓣花。中萼与蚌壳捧合盖合蕊柱，洋溢着含蓄。花容妖娆，清香扑鼻。

云南 张志宗栽培

▲**秀荷鼎** 云南产红莲瓣兰复色荷瓣花。本品荷瓣标准高，花容端庄秀雅，花色如虹似霞，艳丽动人。

云南 开盛兰苑栽培

▲**狮荷** 云南产藕色莲瓣兰荷瓣花。三萼格外短阔，放角、收根典型，端缘紧边，尖凸里扣；蚌壳捧；大圆舌。由于唇瓣基部面上的褶片发达而挺飘，能与舌面上的缀斑构成狮面的形象而为名。

云南 石纯尧栽培

▲**大红荷** 云南产红莲瓣兰荷瓣花。三萼短阔里扣态，基细收根，端放角紧边；蚌壳捧合盖合蕊柱；大圆白舌缀斑有序醒目，堪为标准荷瓣花。花容端庄，花色绚丽，花味清香。曾获第五届中国兰花博览会银奖。

云南 陈述新栽培

◀**绢秀荷** 云南产白莲瓣兰荷瓣花。花容端庄秀雅，小巧玲珑，花色秀丽，馨香幽远。

云南 开盛兰苑供照

▶**素冠荷鼎** 云南产莲瓣兰名花。本品集素花、荷瓣、矮种3个难得的品质于一身，株小巧，花大而秀美，在莲瓣兰中一枝独秀，已连续3年获全国兰展特金奖。

云南 孙智勇培育

▲**魁发荷** 四川产藕色莲瓣兰荷瓣花珍品。三萼格外短阔，放角、收根非常显著，端圆而有小尖凸；分窠蚌壳捧合盖合蕊柱；白大圆舌缀斑大而有序，明快醒目。取肩萼与舌端缀斑为倒八字形而为名。花朵硕大，花容端庄，披彩鲜丽，标致不凡。

四川 邹剑星栽培

▲荷之冠 1990年由云南保山兰家赵伟林先生发掘培育，2001年由保山兰协登录入中国名品兰花。1995年在第五届中国兰花博览会上获特金奖，此后在省、全国兰展上多次获金奖。属阔叶莲瓣兰，一莛花开3朵，大荷瓣花，花色粉红艳丽，萼片短阔，放角收根、紧边，先端里扣，为正格荷瓣花，十分珍贵，具有王者风范。

照片引自易兰网

▲粉彩荷 云南产藕色莲瓣兰荷瓣花。它三萼短阔，基细收根，端放角、紧边，中萼前倾，肩萼近平举，端稍斜垂；蚌壳式捧；白大圆舌面，缀褐红色心脏形大斑块。花容端庄，花色秀丽，美中不足的是右肩萼放角尚不足。

云南 李鑫栽培，顾开顺供照

▲枣舌荷
云南产白莲瓣兰荷瓣花。本品完全符合荷瓣花的条件。花大，底色白，披红彩条；唇瓣枣红嵌宽白缘，红白辉映，花色明媚。

云南 孙智勇栽培

◀赤心荷 本品为直立叶态，花莛、花柄同为金红色。萼片放角、收根，中萼遮阳态，肩萼近平举，但放角尚不够显著；棒壳捧；白大刘海舌面，缀心脏形红斑。据此而为名。花容端庄，花色富丽。

云南 郭崇炎栽培

▲荡山荷 本品为宽叶莲瓣兰中偏大型正格荷瓣花。它每株5～8片叶，叶长40～70cm，宽1～1.4cm，株形健壮、新苗芽头饱满。三萼片收根放角；大蚌壳捧，不开天窗；大圆舌，缀斑集中，块面大，色红艳。特点是：需5苗以上连体时，才能开出正格好花；叶片经长途贩运会出现脱水迹象，是该品种区别于其他品种的最大特点，被兰友们戏称为荡山荷的防伪标志！

本品1995年于云南保山施甸下山。1996年春在保山兰展首次公开亮相，展出时兰家孙智勇即看中求购，但花主因孙先生不是保山人而婉拒。在此后的几年中，孙先生只能“迂回包抄”通过当地其他兰友逐渐购进，最终将此花绝大部分纳入园中，并以自己兰园的名字为其命名为“荡山荷”。

本品曾获第13届中国(大理)兰花博览会银奖、第14届中国(玉溪)兰花博览会银奖、2003第3届云南省(保山)兰花博览会金奖等。

照片引自云南兰花网

11 花艺类

Huayilei

◀**心心相印** 云南怒江产藕色莲瓣兰花艺品。曾名“观音献宝”“宝钗”。它为荷形花。唇瓣上缀有褐红色心脏形斑块而为名。本品开花朵朵如一，给人以启迪。

云南 李鑫栽培，顾开顺供照

▲**喜笑颜开** 云南产红莲瓣兰花艺品。它双捧基鲜红，端白而飘翻；白卷舌缀鲜红色心脏形块斑。这捧舌端飘翻态，好比喜笑颜开。花姿活泼，花色秀丽。

云南 孙智勇栽培

◀**丽江荷** 云南产红莲瓣兰荷形花艺品。它的株叶已出黄界艺。三萼中段放角，两端收根；蒲扇式捧；刘海舌。但放角不典型，而称其为荷形花。花容端庄，如绢似锦，明丽妩媚。

云南 张志宗栽培

三、春剑兰篇

春剑兰，因其株叶多挺拔似剑和花期在早春而得名。四川和重庆是春剑兰资源最丰富的地区，也是我国栽培春剑兰的发源地。和云南人独宠莲瓣兰相应，四川人专爱春剑兰。四川栽培春剑的历史悠久，传统赏兰观也是以素心为贵。据史载，在明清时代就有朱砂剑兰、春素、银杆素、玉板素等名品闻名于世。

春剑兰分为两大类：宽叶型和细叶型。其细叶型的植株与云南的莲瓣兰较难区分。

春剑兰（*Cymbidium tortisepalum* var.*longibracteatum*)在兰属植物分类上，隶属于蕙组（Sect. Floribundum）中的小花亚组。它原被置于春兰之下，作为变种（《中国植物志》）。然而其原作者陈心启先生于2005年，在《国产兰属植物资源和常见种类名称的更动》中介绍有："实际上，它更接近于莲瓣兰，而不是春兰，因此移至莲瓣兰之下，作为变种。

春剑兰主产于我国西南的四川、云南、贵州、重庆市、湖北等地的山区，与这些地区相接壤的湖南、广西、安徽等地的山区也有发现。春剑兰，通常生长于海拔800～2500m的岭谷地带，养成了喜湿润，忌高燥；喜散阳，忌日灼；能耐寒，忌高热；需春化，忌冬暖的生长习性。

春剑兰，根粗而长，假鳞茎较小，稍呈球形。株叶4～6枚，叶态较直立，叶剑形，无叶柄环，叶缘具叶齿，断面"V"字形，叶面较粗糙。花期1～3月，花莛直立，高尺余，莛花3～5朵以上。花径6～8cm。

春剑兰还是一个十分有活力的国兰新秀。近年来，春剑兰的新优奇特品种被不断地开发出来，无论是素心兰、色花、奇花、瓣型花、蝶花、奇蝶、花艺等都有出类拔萃的好品种。如奥迪牡丹王、玉海棠、桃园三结义、五彩麒麟、一品荷、花蕊夫人等等不胜枚举。在梅瓣上，春剑的玉海棠堪称极品，其花瓣标准且肉质厚实、端庄、美丽。春剑兰的色花和蝶花更是瓣阔色艳，不仅有净白、鲜红、金黄、翠绿、墨黑，又有如虹似霞般的间泛披彩，更有如娟绣般的红轮爪和红缟，确实绚丽无比，胜似瑶台仙花。

1 梅瓣类

Meibanlei

春剑兰五朵金花：
西蜀道光、隆昌素、宫廷银杆素、朱砂兰、雪兰

▲**华夏红梅**
三萼格外圆阔如饭勺状；分窠半硬捧；大圆舌。花莛、花柄鲜朱红色，花萼红泛金辉，十分绚丽。

四川　王智华栽培，李勇供照

▲**玉海棠**　本品原名碧玉卿月，萼短阔厚实，圆头紧边，细收根；五瓣分窠，蚕蛾捧，刘海舌。莛花5朵，花色碧绿如玉，神清韵雅。为春剑十五大名兰之一。

四川　梅章发、张玉洪、钱登荣等栽培，《魅力兰花》编辑部供照

▲**五彩梅**　三萼片短阔厚糯，圆头紧边，收根细，呈勺状内扣态；五瓣分窠，蚕蛾捧，如意舌；为高标准梅瓣花。色彩黄红白绿交相辉映，十分绚丽。尤为难得的是苞片基缘镶有唇瓣化体，唇瓣因子格外充盈，有望出叶蝶艺。

四川　王玉玲栽培，徐厚远供照

▲**金元宝**　本品为大花型梅瓣花。三萼长而阔，大圆头紧边，细收根，里扣态；半硬捧，小如意舌。

花色绿底满泛金黄晕，与小红舌相结合而为名。

《魅力兰花》编辑部供照

▲**鱼凫梅** 三萼蛋圆形，圆头紧边，细收根，五瓣分窠；观音棒，刘海舌。三萼里扣态，富有内涵。花色玉润秀雅。

《魅力兰花》编辑部供照

▲**鱼凫红梅** 三萼格外短阔，端圆紧边，细收根，呈勺状，五瓣分窠，一字肩；观音棒，圆舌。色绿满泛朱红晕。

《魅力兰花》编辑部供照

▲**文星梅**
本品为四川省万源市永宁乡林野下山之春剑兰红色梅瓣花。它株形挺拔，叶姿潇洒，花容端庄，花色艳丽。莛花3～5朵，花蕾莲子形，三萼短阔、蛋圆形，端钝圆紧边，收根细；观音兜捧，刘海舌。花莛、花柄、花蕾鲜红色。

四川 余文渊、福建 许东生栽培

▶**皇剑梅** 本品原名“皇梅”，为不与建兰中的皇梅混淆，取其类属名春剑一字，更名为皇剑梅。它三萼短阔，圆头紧边，细收根，里扣态；蚕蛾捧，刘海舌，五瓣分窠。花色绿、白、黄、红交辉相映，十分秀丽。它的苞片缘镶有唇化体，说明它的唇瓣因子十分充盈，有望出叶蝶艺。

《魅力兰花》编辑部供照

◀**玉珠梅** 本品为四川产之春剑兰大型梅瓣花，原名“东方明珠”。三萼较长而阔，端圆紧边，细收根，里扣态，一字肩；半硬圆棒，龙吞舌。花色翠绿，圆棒与药帽色白如玉而为名。

四川 邓文兵栽培

▶**丽梅** 三萼异常短阔，端钝圆，紧边，细收根，一字肩，五瓣分窠；观音棒，圆舌。花色淡绿微泛淡红晕。十分秀丽，以为名。

四川 龙应洪栽培

▲**晶品梅** 本品为五彩变体梅瓣花。三萼格外阔大，细收根，中萼如扇，肩萼平举，端后卷；硬棒与合蕊柱药帽构成品字形，色黄、端晶白，大铺舌。本花各部均镶有水晶体，而致使变形，多色交相辉映，十分绚丽。

四川 曾毅栽培

▼**彩兜梅** 本品为四川会理产之春剑兰小型梅瓣花。三萼蛋圆形，细收根，端圆紧边成兜状，小落肩；花瓣耸立，端起大兜勾，小刘海舌。花色淡绿底泛红晕。

四川 张长林供照

▲**丹峰丽梅** 三萼短阔，细收根，端钝圆兜扣，端尖缀有朱红尖凸物；观音棒，刘海舌。花容端庄，花色绚丽。

《魅力兰花》编辑部供照

▲**吉梅** 花心部和萼缘呈橘红色，取橘之谐音而为名。它花形硕大，三萼长而阔，端圆紧边，细收根，呈大饭勺状，五瓣分窠；半硬捧，龙吞舌。花容端庄，花色绿泛橘红晕，格外秀丽，呈祥兆瑞。

《魅力兰花》编辑部供照

▲**翡翠梅** 四川产之春剑兰复色梅瓣花珍品。萼片蛋圆形，钝圆头，紧边，基细收根，中萼耸立而前倾，肩萼平举；花瓣短阔，呈弧形耸立，端缘紧边而有深兜，刘海舌。可称梅瓣花。绿、白、红、黄、橙、紫，巧妙组合着色，似翡翠，如彩霞，为难得的复色梅瓣花。

四川　杨怀量栽培，厦门　陈茂强供照

▶**红寿桃** 本品为春剑兰变体梅瓣花。三萼呈桃形略挺翻，端如“尖嘴桃”的脐状；硬捧似对拳，小如意舌。花姿活泼，造型别致，着色红艳，呈祥兆瑞。

四川　贾学成栽培

▲**蜀都彩梅** 四川产之春剑兰梅瓣花。它株形挺拔，高45cm，叶宽1.8cm，莛与叶齐架，莛花5朵。三萼蛋圆形，端钝圆，紧边，基收根；观音兜捧，刘海舌。花容绿白披桃红彩。本品部分萼缘似有蝶化迹象，也许是梅蝶的期待品。

四川　龙应洪栽培

▲**元宝剑梅** 本品为刚下山之春剑兰梅瓣花。它三萼较长，端阔圆，紧边，起兜，细收根，一字肩；花瓣耸立，端合扣，呈蚕娥态深兜，白色刘海舌端镶元宝形红斑。花形端庄，炯炯有神，着色秀丽。

四川　颜小荣栽培，程世华供照

2 荷瓣类

Hebanlei

▲红艳荷

本品为春剑兰高标准红色荷瓣花。三萼异常短阔，端放角显著而自然，端有小尖凸，里扣态；蚌壳捧，圆舌。花容端庄，着色红艳。

《魅力兰花》编辑部供照

▲白素荷　本品为四川产之春剑兰雪白素荷瓣花。它三萼短阔，端放角紧边，基收根；蚌壳捧，大卷舌。花容端庄，花色雪白。为不可多得的白素荷瓣花。

《魅力兰花》编辑部供照

▲红荷　本品为春剑兰高标准荷瓣花。三萼格外短阔，端放角显著，基细收根，里扣态，一字肩；蚌壳捧，大圆舌。花容端庄，着色鲜红，格外艳丽。

四川　王玉羚栽培，徐厚远供照

▲绿白素荷　此为春剑兰荷瓣素花。三萼短阔，端放角紧边，基收根；蚌壳捧，大圆舌。花容端庄，着色乳白泛绿晕，十分素雅。

江苏　陈士友栽培

▼金彩荷　本品为重庆梁平县产之春剑兰荷瓣花。它三萼略长，中段宽阔而有明显放角、紧边，两端收根；蒲扇捧，大铺舌。花容端庄，花色金黄披鲜红条彩，呈祥兆瑞。

重庆　肖培荣栽培

▲**天府荷** 本品为四川产之春剑兰荷瓣花。它三萼格外短阔，端放角显著，端尖中心处有里扣态尖凸，基细收根；蒲扇捧，大圆舌。花容端庄，大圆白舌"U"字形红斑鲜丽。

四川 邹剑星栽培

▲**梦圆荷** 本品为四川产之春剑兰标准荷瓣花。它三萼短阔，端放角，紧边，基细收根，里扣态；蚌壳态捧，刘海舌。花容端庄，全花满泛红晕，色彩鲜艳。

四川 孟昭烈栽培

《魅力兰花》编辑部供照

▲**神州虹荷** 四川古蔺县下山之春剑兰荷瓣花。三萼短阔，端放角，紧边，基收根，一字肩；蚌壳捧，大铺舌。花容端庄，花色淡黄底泛浅朱红晕，似雨后彩虹而为名。

四川 程世华栽培

▲**一品荷** 本品为四川产之春剑兰荷瓣花。三萼短阔，端放角，紧边，里扣态，基收根；蒲扇捧，大圆舌。花容端庄，花色翠绿。

四川 邹剑星栽培

▶**圆鼎荷** 春剑兰高标准荷瓣花。三萼格外短阔、厚实，基细收根，端明显放角；蚌壳捧，龙蚕舌。萼瓣缘镶宽白覆轮，筋纹明快，泛红晕自然。花心部红彩似火。花容端庄、圆结，富有内涵。

四川 贾学成栽培

▲**绿嘴荷** 四川产之春剑兰复色荷瓣花。三萼异常短阔，端放角紧边，基收根，双侧萼里扣态，中萼与蚌壳捧合盖蕊柱，大圆舌。花色鲜红，嵌翠绿嘴，格外别致。

四川 王智华栽培，李勇供照

▲**红心雪荷** 本品为春剑兰大型荷瓣花。三萼片异常阔大，端放角紧边，里扣态；蒲扇捧，大圆舌。花色雪白底泛绿晕，白唇缀U字形鲜红斑，十分鲜丽。

四川 杨正明、杨怀量、王进洪栽培

厦门 陈茂强供照

◀**珠源玉荷** 本品为春剑兰素心荷瓣花。三萼较长阔，中萼端放角，双侧萼中段放角状，呈略挺平举态；蚌壳捧，大圆舌。萼捧浅绿色，纯雪白舌。

云南 顾开顺供照

◀**红轮绿荷**

本品为春剑兰复色荷瓣花。三萼格外短阔，基细收根，端明显放角、紧边，双侧萼里扣态，中萼端略挺；蚌壳捧，大圆舌。花色绚丽，令人珍爱。

江苏 陈士友栽培

▲**元荷** 本品为四川大巴山产之春剑兰荷瓣花。三萼格外短阔，长阔均等，端放钝圆角紧边，基收根；蚌壳捧，大圆舌。花容端庄，花色橘红又镶有鲜红覆轮，格外绚丽。

四川 朱凡章栽培

▲**清展荷** 三萼短阔，放角，紧边，细收根；蚌壳捧，大圆舌。花容端庄，色彩秀丽。

四川 王定展栽培

▲**东坡荷** 三萼片异常短阔，端放角紧边，基收根，里扣态；蚌壳捧，大卷舌。花色翠绿披紫红条彩。

四川 邓文兵栽培
吴汉珠供照

▲**蒙山太平荷** 四川名山县产之春剑兰荷瓣花。萼片短阔，端放角紧边，基收根；蚌壳捧态，大圆舌。

四川 胡华超栽培，李文全供照

▲**仁荷** 本品为春剑兰大型荷瓣花。三萼异常短阔，端放角明显，又具紧边。端中心小尖凸里扣。中萼前倾，双侧萼平举；蚌壳捧，刘海舌。花容十分端庄，花绿底镶宽红晕轮，着色鲜丽。

《魅力兰花》编辑部供照

▲**黄花荷** 三萼短阔，端放角，紧边，细收根，里扣态，一字肩；蚌壳捧，大圆舌。花容端庄，花色秀丽。

四川 陈吉斌栽培

▶**龙珠荷** 本品为四川大巴山产之春剑兰荷瓣花。它株叶厚硬而扭卷，应有出水晶艺。花莛出架，三萼短阔，中萼中段放角，两端收根，双侧萼端放角紧边，基收根；蒲扇捧，圆舌。花色黄披红彩条，显得秀丽。

四川 朱凡章栽培

3 素心花类

Suxinhualei

▲**西蜀道光** 本品为川西产兰名山青城山所产之传统黄花春剑素名品。相传于1912年为都江堰徐姓"花匠"所选种。1989年在香港"世界兰花博览会"上获总冠军奖，被誉为"天下第一花"堪为"蜀之瑰宝"。

《魅力兰花》编辑部供照

▲**粉剑素** 本品为产自云南安宁林野之春剑兰浅粉红色素心花。花色格外秀丽，十分可爱。

云南 李福喜栽培，袁玉芳供照

▲**红剑素** 本品为春剑兰大红色素心花。花姿活泼，着色鲜红，兆寓大吉大利。

《魅力兰花》编辑部供照

▲**嫦娥戏月** 本品为梅形水仙瓣素心花。

四川 姜守军栽培

▲**金剑素** 本品为春剑兰金黄色素心花。捧瓣短而耸立，端缘具浅兜，唇瓣形圆，萼片虽属大竹叶瓣，要说其为水仙瓣也不为不可。花色如此金黄均匀较罕见。雍容华贵，令人珍爱。

《魅力兰花》编辑部供照

▶**呈祥素** 本品为春剑兰绿色素心花。可能是以培育人之名而为名。本品花大，花瓣(捧)短圆有浅兜而具特色。

四川 张永祥栽培

4 奇蝶类

Qidielei

春剑兰十五大名品：
玉海棠、云梅、大团圆、红荷顶、三星遗魂、火炬、五彩麒麟、桂林奇蝶、圣麒麟、凌坡仙子、花蕊夫人、一品黄

◀**五彩麒麟** 本品为春剑兰十五大名花之一。花形略似"火炬"状，但花姿更活泼，花瓣唇瓣化程度更高，花色也更绚丽。堪为春剑奇蝶花之佼佼者。斜立半弓垂叶态，株叶4～6枚，质厚色翠，断面呈"V"字形，叶齿细锐，端钝尖。叶端面浮泛朱砂晕。花莛高出叶丛面，莛花2～3朵。

四川 邓文兵栽培
吴汉珠供照

▲**繁花似锦** 本品主要由于合蕊柱高度分裂异化而形成了多蕊柱、多唇瓣和众多的小花瓣及唇化瓣组成了花上花之奇观。造型别致，素艳相衬。

《魅力兰花》编辑部供照

▲**盖世牡丹** 本品由于合蕊柱高度分裂而出现多鼻、多舌、多唇瓣化花瓣，颇似多朵奇蝶花聚生于一朵之中。造型别致，花色秀丽。

《魅力兰花》编辑部供照

▲**圣麒麟** 本品为春剑兰十五大名兰之一。曾名白牡丹。产于四川达州通江县。斜立弓垂叶态，株叶4～5枚，质软色翠，叶面较平展，叶主脉不居中，并嵌有指印模，叶齿细锐，叶端钝尖。花莛高出叶丛面，莛花3朵，每朵花都由于子房拔高而有分节对生萼片增生。其顶开多萼多瓣奇蝶花，其花瓣均有不同程度的唇瓣化，但唇瓣化体几乎没缀红彩斑点，故而得名。

《魅力兰花》编辑部供照

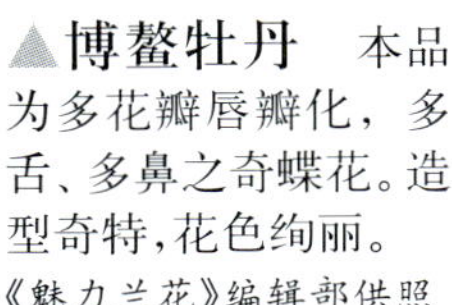

▲**博鳌牡丹**　本品为多花瓣唇瓣化，多舌、多鼻之奇蝶花。造型奇特，花色绚丽。

《魅力兰花》编辑部供照

▲**雄狮牡丹**　本品由于合蕊柱分裂异化，而有多舌、多唇瓣化花瓣，组成了牡丹型奇蝶花。花瓣大，排列井然有序，着色红艳。

《魅力兰花》编辑部供照

▲**奥迪牡丹王**　本品于2004年春采自四川什邡乡，为春剑兰牡丹型奇蝶花，被列为春剑十五大名兰之一。斜立半弓垂叶态，叶长45～60cm，宽1.0～1.2cm，株叶4～5枚。质厚色深绿，齿细端钝，莛花2朵。萼片竹叶形，嵌红覆轮，有唇瓣化迹象花瓣大量增生，并有部分唇瓣化；合蕊柱分裂，增生许多碎花瓣；唇瓣大量增生，分两横行排列。确为奇而有序的牡丹型奇蝶花。

《魅力兰花》编辑部供照

▲**三星遗魂**　本品原产于四川通江林野，为彭启云、王蜀才栽培。本品为唇化花瓣与舌组成的别具一格的三星蝶。其上由于合蕊柱分裂异化而有部分唇瓣化的众多小花瓣与小合蕊柱构成又一层的奇蝶花。造型格外奇特，花容别致而绚丽。被列为春剑十五大名兰之一。

《魅力兰花》编辑部供照

▲**火炬** 本品为四川产之春剑兰多瓣奇蝶花。被列为春剑十五大大名兰之一。它株叶4～6枚，为斜立半弓垂叶态。叶长40～50cm，宽0.8～1cm，质厚色翠，断面呈“V”字形，叶齿细锐、叶端钝尖。花莛高25～30cm，莛花2～3朵。由于它的子房拔高，而有分节层轮生小萼片长出，其莛顶开多瓣奇蝶花。花萼、花瓣缘嵌有宽的红覆轮，再加上唇瓣上的红斑块，构成了似擎起的火炬样，而为名。

四川　邓少康供照

▲**汇蜀牡丹** 由于合蕊柱的异化，柱头有木耳状唇化花瓣增生，原有的唇瓣萼片化，唇瓣增生，花瓣也增生并唇瓣化。造型独特，唇化部分的着色以紫色为主，兼有朱红、鲜红，在乳黄色底的衬托下，异常艳丽多姿。

《魅力兰花》编辑部供照

▲**佛王**
本品之合蕊柱高度分裂异化成木耳状的许多部分唇化小花瓣，组成了舌上花。其上有多片绿色小花瓣，其顶上，盖有短阔圆的中萼片状，此片之上伏有合蕊柱样，有显眼的双红鼻孔样的白色柱头。据此而为名。此花造型独特，层次清楚，色彩对比鲜明。

《魅力兰花》编辑部供照

▲**彩玉娇** 本品由于合蕊柱异化，子房逐节拔高，互生萼片增生，莛顶常2～3朵花聚生。为唇瓣增生，花瓣唇瓣化之奇蝶花。花莛翠绿，萼片深紫红，花瓣镶宽紫红覆轮。着色独特，色彩对比鲜明，格外绚丽。

四川　邓文兵栽培，吴汉珠供照

5 奇花类

Qihualei

▲美丽之冠　本品为四川产之春剑兰多舌、多瓣、多鼻奇花珍品。曾荣获中国(乐山)兰博会最高奖。它的唇瓣因子格外充盈，增生有5～7个唇瓣。也有望出叶蝶艺。它的合蕊柱已分裂为多个合蕊柱，随之而有多片小花瓣的增生。花奇而有序，层次分明，多色交相辉映。

四川　袁慎先栽培

◀杨氏奇菊　本品为云南文山产之春剑兰菊瓣型奇花。由于它的合蕊柱高度分裂异化，而有众多的小钥匙状的长柄花瓣增生，组成如菊花中的"虎爪菊"样的花朵，十分奇特。

云南　杨锋栽培

▲素十仙　本品为四川产之春剑兰素心奇花。它除了唇瓣异化成花瓣外，其合蕊柱也已高度分裂异化，而且增生有短而阔圆、且有浅兜的一对花瓣（捧心瓣），花心部还有不少木耳状小花瓣。是个奇而有格的素心奇花。

四川　邓文兵栽培，吴汉珠供照

▲**绿素奇剑** 本品为春剑兰素心多瓣奇花。全花各个部分均有增多，风采不凡。

《魅力兰花》编辑部供照

▲**荷仙奇剑** 本品为四川产之春剑兰荷形水仙瓣聚生奇花。本品的花瓣硬化成拳状，萼片基收根，端放角，尖凸外翻，应为荷形水仙瓣花。但有些花又有合蕊柱分裂，花瓣增生。故而为名。

《魅力兰花》编辑部供照

▲**霸王鞭** 本品为云南产之春剑兰树型奇花。曾多次获得各类兰展金奖。

云南 李伟剑栽培，顾开顺供照

6 捧蝶类

Pengdielei

◀**彩凤** 本品为春剑兰大花型捧蝶花珍品。双捧完全唇瓣化，捧蝶体格外短阔而端圆，仅微挺而不后卷，似猫耳状。十分难得，堪为珍品。

《魅力兰花》编辑部供照

◀**桃园三结义**(下图、左图)[带叶蝶艺] 本品为四川产植株带有叶蝶艺之春剑兰捧蝶花珍品。屡获大奖，被列为春剑十五大名兰之一。

本品有的植株已出现多种形式的叶蝶艺。即使是非花期，其株叶的风采也非同一般，大有观叶胜看花之魅力。

云南 张玉洪栽培

《魅力兰花》编辑部供照

▲**冠神** 本品为四川产之春剑兰梅形水仙瓣捧蝶花珍品。三萼短阔，端圆紧边，基细收根，唇化捧端有明显的浅兜，基本符合梅形水仙瓣要求。其捧已完全唇瓣化，花容端庄之中有活泼感，花色素雅之上有绚丽感。堪为难得的珍品。

《魅力兰花》编辑部供照

▲**鱼凫捧蝶** 本品为春剑兰捧蝶花之珍品。完全唇瓣化之捧蝶体十分短阔，仅略挺而不后卷。着色秀丽。

《魅力兰花》编辑部供照

▲**一代天骄** 本品为云南产之春剑兰叶蝶艺佳品。本品具有覆轮艺、嘴艺、单侧艺等叶蝶艺。

云南 李映龙栽培

◀**航天星蝶** 春剑兰捧蝶花珍品。完全唇瓣化之捧蝶体异常短阔，呈三角状，其周缘似有雄性化体镶嵌，甚为独特。

《魅力兰花》编辑部供照

◀**中华双骄** 本品为春剑兰叶蝶艺珍品。具有唇化艺、嘴艺等叶蝶艺。

《魅力兰花》编辑部供照

▲**晶萼捧蝶** 本品为四川大巴山产之春剑兰水晶捧蝶珍品。它的萼片呈现龙形水晶艺体。花瓣短阔，完全唇瓣化。捧蝶与唇瓣几乎同形同色。

四川 朱凡章栽培

7 肩蝶类

Jiandielei

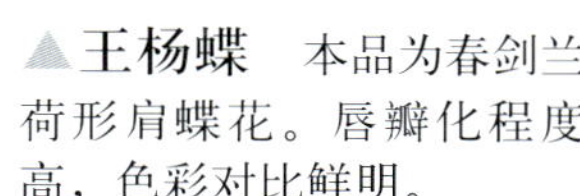

▲**王杨蝶**　本品为春剑兰荷形肩蝶花。唇瓣化程度高，色彩对比鲜明。

四川　王定展栽培

▲**邓氏荷蝶**　本品为春剑兰荷形肩蝶花。肩萼唇瓣化程度高，彩点鲜丽。萼捧缘镶有宽白覆轮，花色富丽。

四川　邓文兵栽培

◀**红搬蝶**　本品为春剑兰复色肩蝶花珍品。它不仅双侧萼下缘唇瓣化程度高，而且连花瓣缘也初现唇瓣化迹象。全花黄、红、白、绿、紫交相辉映，格外绚丽。

《魅力兰花》编辑部供照

▲**喜蝶**　本品为春剑兰荷形肩蝶花。唇瓣化程度高，缀斑单一，大而对称。寄寓双喜临门。

四川　郐剑星栽培

▲**金彩荷蝶** 唇瓣化近半，褶片和侧裂片格外发达。花色金黄披红彩，雍容华贵。

四川 谢家富、梁光全栽培

▲**璞秀蝶** 肩萼唇瓣化过半。花色红艳。

四川 刘世坤栽培

▲**金红肩蝶** 本品为春剑兰荷形肩蝶花。肩萼唇瓣化过半，彩斑简洁而鲜丽。花形硕大，花色绚丽。

四川 贾学成栽培

▶**聚宝荷蝶** 本品为春剑兰少瓣荷形肩萼蝶。本品上面一朵花，两个花瓣全无；下面一朵花，少了右捧。它的桃形唇瓣之缀点是由许多红点集合成一团的，故而为名。肩萼唇瓣化程度高，色彩绚丽。

四川 王进洪、杨怀量、杨正明栽培

福建 陈茂强供照

◀**江氏肩蝶** 本品为春剑兰荷形肩蝶花。肩萼唇瓣化过半。全花满泛金红晕，格外秀丽。

四川 江明义栽培

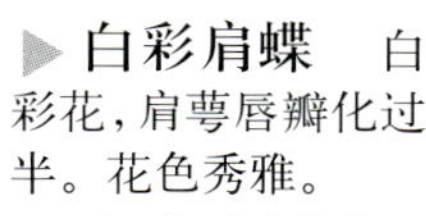

▶**白彩肩蝶** 白彩花，肩萼唇瓣化过半。花色秀雅。

四川 江明义供照

◀**圆肩飞蝶**　本品为四川产之春剑兰肩蝶花珍品。双捧阔圆竖立如蒲扇；中萼半弧盖合蕊柱，肩萼格外短而阔圆，呈飞态。肩萼下侧唇化程度高，缀点简洁而近对称，侧裂片发达，缀点错落有致；白刘海舌，缀品字形红斑，白色与粉红相衬，格外秀丽可爱。

《魅力兰花》编辑部供照

▲**邓氏红蝶**　春剑荷形肩蝶花。肩萼唇瓣化达半，缀斑简洁而鲜艳，花姿活泼，花色艳丽。

四川　邓文兵栽培，吴汉珠供照

▲**东坡荷蝶**　春剑兰荷形肩蝶花。花型硕大，肩萼唇瓣化过半，缀斑鲜丽。

四川　邓文兵栽培

▶**红轮荷蝶**

春剑兰荷形肩蝶珍品。萼捧缘均镶有较宽的红覆轮，甚为罕见。肩萼唇瓣化过半，缀斑简洁鲜丽。堪为荷蝶珍品。

《魅力兰花》编辑部供照

▶**古镇红蝶**　春剑兰肩蝶花珍品。不仅肩萼唇瓣化过半，且朵朵花肩蝶姿各异，增加了观赏价值。尚且有的花瓣缘已初现唇瓣化迹象，有望继续异化。另外，萼捧缘均镶有明显的红覆轮，使花容更为绚丽可爱。

《魅力兰花》编辑部供照

8 水晶艺类

Shuijingyilei

▲**古晶龙** 本品水晶艺遍布全株，由于各部位的水晶含量不等而有不同的皱卷、翻扭。造型典雅，独具风采。

四川 李必刚栽培

▲**晶缟龙** 本品为贵州产之春剑兰中缟式龙型水晶艺。

贵州 杨龙、鄢正龙栽培

◀**晶梅** 本品为四川产之春剑兰水晶艺梅瓣花。株叶斜展，叶幅中阔，根系壮旺。花期2～3月，莛花5～9朵。萼短圆，充满水晶体，花瓣与鼻全硬化呈金黄色桃状，苞片异化成萼片状。花容独特，犹如蟠桃园里结满蟠桃的果树。

四川 姜守军栽培

▲**紫彩晶梅** 春剑兰水晶梅瓣花。三萼阔卵圆形，端紧边，基收根；花瓣短阔，耸立，紧边起兜，刘海舌。基本符合梅瓣花要求。苞片、萼捧均有条形水晶艺镶嵌。

云南 顾开顺供照

▲**九龙戏珠** 本品为云南产之春剑兰水晶梅瓣花。它三萼短阔厚实，紧边，端纯圆，基收根，花瓣全水晶化，呈分头合背式。蚕蛾兜状捧，龙吞舌，合蕊柱晶化如玉珠。苞片、萼片、花瓣、疏洒水晶艺斑。花莛、花柄、花萼紫褐色，与白玉般的花心对比鲜明，格外典雅。

云南 赵辛供照

▲**涟漪** 本品为四川峨眉山产之春剑兰水晶艺珍品。由于叶片各部位所含之水晶艺因子众寡差异，全叶呈现横向浪曲，间有疙瘩、凹陷，状似水面之涟漪而得名。其第三代已呈现龙型水晶艺之水晶缟艺。艺型独特，风采非凡。

四川 邹剑星栽培

9 水仙瓣类

Shuixianbanlei

▲**都江荷仙** 本品花瓣半硬化，半盖合蕊柱，大圆舌，三萼又格外短阔，初看像梅瓣花。可是由于萼片中段放角十分明显，萼端又长尖，故列入荷形水仙瓣。

四川 贾学成供照

▲**兰花仙子** 本品萼片中段放角，两端收根，肩萼呈飘飞态；花瓣耸立合拢，呈棱形，端紧边而有浅兜，端尖镶有晶珠，白圆舌镶红圆斑，堪为荷形水仙瓣花。花姿飘逸，瓣质半透明，花色粉红美如倩女，秀丽动人。

四川 程世华栽培

▲**金鱼荷仙** 本品花瓣耸立，端缘有很粗的雄性化兜，如意舌，看来颇似梅瓣花。但由于它萼片明显放角，端之尖凸长尖而外翻，而花瓣又有耸立态，大深兜，应该归入荷形水仙瓣较合适。

《魅力兰花》编辑部供照

▲**唐王彩** 本品三萼长珠形，端钝圆，紧边，基收根，花瓣短阔，耸立而有紧边起兜，堪为梅形水仙瓣花。花容端庄，花色绚丽。

《魅力兰花》编辑部供照

▲**贵福仙** 本品三萼较长，基细，中弧圆，端略挺而钝圆、紧边；花瓣呈蒲扇式耸立，端圆紧边，或有浅兜，或略挺；龙吞舌。它原产贵州，曾患黑星病，在鄙人兰园中治愈，故以两个省首字联合而为名。

贵州 卢昭阳、福建 许东生栽培

▲**天府之娇** 本品三萼挺翻如鸟展翅翱翔，花瓣耸立后略挺，端缘紧边，且有明显的雄性化体如珠样点缀。飘门水仙瓣可称。花姿活泼，花色绚丽。

《魅力兰花》编辑部供照

▶**宝光彩霞** 本品三萼短阔，中段放角，两端收根，萼缘有紧边；花瓣似蒲扇式捧，捧缘有紧边，也有浅兜，大刘海舌。应为荷形水仙。花色绚丽似雨后彩霞。

四川 周明兴命名、摄影、《魅力兰花》编辑部供照

▲**本草剑荷** 本品为云南所产之春剑兰荷形水仙瓣花。三萼卵形，有紧边，两端收根；花瓣蒲扇式样，捧缘有紧边，也有浅兜，大卷舌。花形硕大而端庄，花色艳丽，曾获云南省第五届兰花博览会金奖。

云南 吴毅光栽培、顾开顺供照

▶**蛇纹剑** 中萼到卵形，遮阳态，端圆、紧边，基收根，双侧萼近矩形，两端收根，落肩态，萼片的中脉、侧脉、网脉组成蛇纹状；花瓣为软捧，端有紧边，大卷舌。为水仙瓣花。

四川 徐厚远供照

▶**红飘云** 本品三萼翠绿镶宽白覆轮，嵌宽鲜红爪；淡绿宽白覆轮泛粉红爪的猫耳捧嵌有雄性化体。堪为飘门水仙瓣花。挺翻微扭之红端萼捧犹似飘飞之红彩云。

四川 杨正明、王进洪栽培

福建 陈茂强供照

◀**七彩大仙** 本品三萼长阔，中段大，两端收根、紧边，中萼前倾，肩萼平举微挺；花瓣耸立，端缘有深兜，卷舌。为大型水仙瓣花。花多色交相辉映，格外绚丽。

江苏· 陈士友栽培

▲**三角绿仙** 本品三萼较短阔，呈里扣态，但端有较长的尖凸，萼缘均镶有宽的白覆轮；花瓣稍短阔，端钝圆，有浅兜，大铺舌。为水仙瓣花。

四川 江明义供照

▲**紫爪仙** 本品三萼片较长阔，带形端尖紧边，捧鼻舌硬化，合抱成团。水仙瓣可称。全花白底披绿条彩晕。萼、捧、舌端部全镶紫色晕。

四川 杨正明栽培，福建 陈茂强供照

◀**笑仙** 本品三萼长珠形，端果脐形，基细收根，略挺翻态；双捧半弧抱，端有明显的兜，大卷舌。花容犹似喜笑颜开状而为名。原名“飘梅”因捧、兜不一，而列入水仙瓣。

四川 简以金栽培

10 线艺类

Xianyielei

▲**多艺彩霞** 本品为云南产之春剑兰叶花双艺佳品。叶有覆轮艺、中透艺、边缟艺等多艺集于一丛株中；花为水仙瓣形，又有中透艺、中透缟艺等。

云南 范玉清栽培
袁玉芳供照

▲**蒙顶双艺** 本品为四川产之春剑兰叶花双艺之珍品。叶为中斑缟艺；花为深瓜艺。

四川 吴永胜供照

▶**双艺梅** 本品为四川产之春剑兰双艺梅瓣花佳品。叶为银白色覆轮艺；花为深爪艺。为难得的双艺梅瓣花。

四川 吴永胜供照

▲**银缟** 本品为四川产之春剑兰银白色缟艺。

四川 袁慎先栽培

▲**艺芳** 本品为云南产之春剑兰银白色中透叶艺。待青苔褪净后，当更漂亮。

云南 周云芳栽培

▼**玉林之光** 本品为云南产之春剑兰中透缟艺。

云南 高家善栽培，顾开顺供照

▲**雪山剑** 本品为四川产之春剑兰中透叶艺。美中不足的是，绿帽较浅些和青苔未褪干净。

四川 张必才栽培

11 花艺类

Huayilei

▲**紫云** 本品为云南所产之春剑兰花艺珍品。三萼卵形；花瓣耸立，端较尖，大卷舌，为荷形花。萼片紫云色，花心部披红彩，交相辉映。

云南 李鑫栽培、顾开顺供照

▲**王冠** 本品为富含水晶艺体之白花春剑兰。萼捧端褶卷异化，呈古代王爷之帽状。异常别致，风采独存。

四川 江明义供照

▲**花蕊夫人** 本品为四川通江产之春剑兰复色花艺佳品，被列入春剑兰十五大名兰之一。

四川 少康供照州

◀**金之华** 本品为金黄色花，镶嵌宽淡紫覆轮，又再于外沿嵌白覆轮的双覆轮金色春剑兰，实属罕见。花姿风采飞扬，色泽格外绮丽。

四川 程世华栽培

▲**嫣红** 花形硕大，花姿活泼，多色相映，姹紫嫣红。

《魅力兰花》编辑部供照

蕙兰篇

蕙兰在我国兰文化的发展历史中和春兰一样是先驱的种类之一。"蕙"在中国字中是香草的意思。国兰中之春兰、墨兰、建兰、寒兰等均以开花季节、形态等命名，惟独蕙兰是以其香命名，由此可见其在国兰中的地位。由春兰和蕙兰的花艺，诞生了兰花的瓣型鉴赏标准；由蕙兰和建兰等诞生了出架、排铃等等说法；看壳（花苞）的五门八式也是专门为鉴赏蕙兰而总结出来的。因此，蕙兰实际上是承载我国传统兰花文化最厚重的种类之一。

宋代以后，江浙一带成为我国经济文化发展中心，出现了许许多多的富足人家。高门大户，厅堂宽敞，陈设春兰已显得过于秀气，而满盆的蕙兰可以与匾额、楹联一起烘托出高贵、儒雅的气氛。因此，至今江苏人独宠蕙兰。蕙兰花大出架，要使一盆中同时出六七莛花，且花莛挺拔，花开得朵朵如一，这不是顺其自然就可以达到的，需要有精湛的栽培技艺。这同时也使我国兰花栽培的技艺有了进一步的发展。

传统对蕙兰的品赏和应用重在体现其豪迈气概，相应选出的传统老种铭品自然侧重于花姿端庄、色绿中透金黄的梅瓣花和水仙瓣花。清代乾隆、嘉庆、道光年间，蕙兰已有不少名品，如"老八种"和"新八种"等。这些蕙兰品名，有的在清代同治年间许鼐和的《兰蕙同心录》中已有记载。1923年余杭人吴恩元编撰的《兰蕙小史》，对蕙兰的传统品种和当时的新种作进一步的汇集总结，并将之分为赤壳蕙、绿壳蕙和赤绿蕙三大类。

改革开放以后，在流传到日本、韩国的老种蕙兰返销回国的同时，不少台湾兰友选育出的蝶瓣、奇花类四季兰也回归祖国，它们个个色彩斑斓，光辉夺目，大受现代爱兰者追崇。由此引发了我国大陆对蕙兰新花的开发。短短十多年时间从我国四川、贵州、浙江、安徽、广东、广西、河南、湖北、甘肃等产兰区，相继选育出一批批新品蕙兰，除瓣型花、奇蝶花之外，素花、色花、线艺、水晶艺等品种不断涌现。

蕙兰（*Cymbidium faberi*），民间依其莛花常为9朵，而称其为九子兰、九节兰、九华兰；又因其叶齿格外锋利似茅草（芦苇草）而称其为芭茅兰；还因其中的赤壳类蕙兰，叶基紫红、花莛和花赤红而被誉为火烧兰；还有它的花期可延至初夏而称为夏兰。它在兰属植物分类上，隶属于蕙组（Sect. Floribundum）中的小花亚组。

蕙兰产于我国北纬34°以南至北纬25°的各地，包括青海南部、甘肃南部、陕西秦岭南北坡、山西西南端、河南中部和南部、山东南端、安徽、江苏、西藏、四川、贵州、湖南、湖北、江西、福建、浙江、云南和广西、广东、台湾北部等地海拔500_3300m的林下、林缘、灌木丛间、草坡湿润的透光阳坡上，为最耐寒的兰种之一。

蕙兰根粗且长，假鳞茎和叶柄环不显著。株叶达5_9枚，最多的可达10余枚，叶长30~100cm，宽1cm许，断面呈"V"字形、叶主侧脉后凸且晶亮，叶齿粗锐。花期3~5月，花莛高耸，与寒兰同为第二出架花。自然条件下，花朵绽放后，花莛多弯曲。花柄基部凝结有露珠般晶莹的香甜"兰膏"。

蕙兰的主要变种送春（var.*szechuanicum*），在云南又称为春绿。它虽与蕙兰相近似，但它的叶质薄，色浅而质不粗糙，叶脉既不后凸，也不透明，且较多的叶片在基部排成一字形。莛花较小，花莛弯曲不明显。萼捧质也较薄软，且多为绿色而有别于蕙兰原变种。本书也云集数幅兰照，以供赏鉴。

1 梅瓣类

Meibanlei

蕙兰老八种：
大一品、上海梅、程梅、关顶、元字、老染字、潘绿梅、荡字

▶**崔梅** 本品为赤转绿壳类蕙兰梅瓣花。被列入蕙兰“新八种”之一。抗日战争前，由杭州的崔怡庭选出，以其姓和花品为名。它叶绿而有光泽，能开花的植株，株叶数多达9片。莛花8～14朵，花序较密聚，花柄粉紫色。三萼短脚圆头、紧边、收根，中萼前倾遮阳态，肩萼近平举，里扣态；分窠或分头合背半硬捧；龙吞舌。

福建 陈日明、许奇栽培

▲**程梅** 又名“程字梅”，为蕙兰之王，于1789年左右由江苏常熟的一位程姓医师选育出来。它为斜立半弓垂叶态。花蕾赤麻壳，蜈蚣钳头形，绿泛紫晕。粗而长的花莛高耸挺拔，莛开7_9朵花，花柄紫绿色。三萼片较短阔，端圆紧边，基细收根，中萼遮阳态，肩萼平举端略垂，里扣态；分头合背式半硬蚕蛾捧，壮苗可开分窠捧；龙吞舌，舌面有紫红点。程梅为蕙兰“老八种”赤蕙之首，被列入蕙兰四大家之一。程梅的花在蕙兰的梅瓣花中属于大型的，最大直径可达5～6cm。

江苏 单家欣，福建 许奇栽培

▶**关顶** 又名万和梅。清代，由苏州浒墅关万和酒店店主选出。为赤壳类梅瓣花传统名品被列入蕙兰“老八种”之一，日本兰界称其为“别格全盛稀贵品”。本品为斜立半弓垂叶态。花苞赤壳，披紫红筋麻。紫红色花莛高耸挺拔，莛花8～9朵，花距疏朗，花柄细长，紫褐色，苞片短小，披紫红彩。三萼较短阔，端圆紧边，细收根，小落肩；豆壳捧；大圆舌，舌面缀有红斑。

浙江 葛伟文栽培

▲**上海梅** 本品为绿壳类蕙兰梅瓣花传统名品。被列入蕙兰“老八种”之一。又称“老上海梅”或“前上海梅”。清嘉庆元年由上海李良宾选出。本品为斜立弓垂叶态，叶断面呈“U”形。细莛高耸，莛花8～9朵。三萼长脚圆头、紧边，细收根，中萼前倾，肩萼平举或近平举，壮苗可开出飞肩花；半硬捧；穿腮小如意舌，舌面缀艳丽的红点。

浙江 郑国梁、周大伟，福建 许东生、许奇栽培

▲**元字** 本品为赤转绿壳类蕙兰梅瓣花。清代，由苏州浒墅关艺兰者选出。被列入传统蕙兰“老八种”之一。本品为斜立半弓垂叶态。叶色比“程梅”稍浅，发芽率较低，却易开花。花莛较高，绿底泛紫晕，莛花9～11朵，苞片有点瓣化，色绿。三萼长脚圆头、紧边，基细收根，中萼前倾遮阳态，肩萼微垂里扣态，色绿；分窠半硬捧；执圭舌，舌面缀有鲜红斑。花品端庄、花色俏丽。

浙江　葛伟文栽培

▲**庆华梅**
本品为绿壳类蕙兰梅瓣花。1912年由浙江绍兴兰农车庆于华兴旅馆选出。以发现人和地之名结合而为名。它为斜立半弓垂叶态，叶断面呈“V”字形。花莛浅绿色，细圆高挺，莛花6～9朵。三萼短脚圆头紧边，质厚；分窠蚕蛾捧；大如意舌，舌面端缀有心脏形红斑。花品端庄。被列入蕙兰“新八种”之一。

浙江　葛伟文栽培

◀**翠萼** 本品为绿壳类蕙兰梅瓣花。被列入蕙兰“新八种”之一。它为斜立半垂叶态，叶断面呈“V”字形，叶色深绿。细圆花莛高耸挺拔，莛花7～9朵，花距疏朗。三萼端圆、紧边，细收根，中萼前倾，肩萼平举，转茎恰到好处；硬兜捧；小如意舌，舌面缀红斑。全花翠绿，富有秀丽感。美中不足的是，在长势欠佳时，花会瘢开，需要人工挑开萼片以助之。

浙江　凌华栽培

▲**老极品** 原名“极品”。为绿壳类蕙兰梅瓣花。被列入蕙兰“新八种”之一。它为斜立叶态，叶质厚硬，叶基断面呈“V”字形，中段起渐平展。绿色花莛高耸挺拔，莛花8～13朵，最多可达18朵。三萼长脚圆头、紧边，基收根，肩萼小落肩；分窠硬兜捧（偶或开分头合背式捧）；大龙吞舌。

浙江　葛伟文、福建　许东生栽培

▲**江南新极品**　本品为赤转绿壳类蕙兰梅瓣花。1915年由浙江绍兴兰农钱阿禄选出。曾被誉为赤转绿蕙中之上品花，被列入蕙兰“新八种”之一。它为斜立半弓垂叶态，叶质厚、色绿而有光泽。花莛浑圆、细长、挺拔，花柄浅紫色，莛花6～11朵。三萼长脚圆头、紧边，基收根，花形与老极品相似；分窠半硬兜捧；大龙吞舌。

浙江　富浩舟栽培

▲**解佩梅**　又名“江皋梅”。为赤转绿壳类蕙兰梅瓣花。民国初年，由上海张氏选出。它为环垂叶态，叶断面呈“V”字形，色浓绿而有光泽。绿花莛细圆、高耸，小花柄紫红色，莛花7～11朵。一字肩；分窠白玉捧，加上紫红小花柄而被誉为“红簪碧玉”；唇瓣为大如意舌。花品端庄，喜光照，繁殖力强，易种养，也易开花。

浙江　郑普法栽培

▲**适圆**　本品为赤转绿壳类蕙兰梅瓣花。又名“敌圆”。选育史不详，1933年流入日本，1996年返销我国大陆。它叶姿半垂，质厚，色翠。绿泛淡紫红晕细花莛高耸，莛花7～9朵。由于本花之三萼片端圆得恰到好处，即“适当”，而名为“适圆”。萼端有细而短的锋尖，肩近平；半硬兜捧；如意舌。本品花形与“关顶”相似，但唇瓣不及“关顶”的圆大。

江苏　单家欣栽培

▲**端蕙梅**　本品为赤转绿壳类蕙兰梅瓣花。被誉为赤蕙绿花梅瓣之珍品。系民国初年，由浙江绍兴棠棣兰农诸长生选出。它为斜立半弓垂叶态，叶质厚硬，色深绿。绿泛紫晕细长花莛高耸挺拔，莛花6～10朵，花距疏朗，小花柄紫色。三萼长脚、圆头，紧边，基细收根，略呈里扣态，微落肩；五瓣分窠；半硬兜捧；大如意舌。

浙江　郑普法栽培

▲**瑾梅**

本品为水银红壳绿色蕙兰梅瓣花。1948年由江苏无锡蒋瑾怀先生选出。以其名与花品梅结合而为名。它绿花莛细圆挺拔，莛花9～11朵，花柄浅紫色。三萼长脚、圆头，质厚，紧边，基细收根，近平肩，里扣态，中萼前倾遮阳状；蚕蛾捧圆整光洁，端有“白头”；小圆舌面上红点艳丽。花品端秀。

浙江　葛伟文栽培

▲**永春梅** 本品为赤转绿壳类蕙兰梅瓣花。清光绪年间，浙江兰农阿永于富阳沙石山采得，售与吴幼云，由《兰蕙同心录》作者许霁楼先生命名。它为斜立半弓垂叶态，质厚，色绿而有光泽。细圆花莛高耸挺拔，莛花9～11朵，苞片水银红色，花柄浅紫色，花距疏朗。三萼长脚、圆头、紧边，细收根。中萼前倾遮阳态，双侧萼近平举里扣态；分窠软蚕蛾捧；执圭舌垂而不卷。花极似“元字”，但花色比“元字”更绿，花守好。

江苏 单家欣栽培

▲**长寿梅** 本品曾名“寿梅”。于1918年(民国七年)春，由浙江省绍兴的罗长寿选育出。以选育者之名为名。它为斜立半弓垂叶态，叶断面呈“V”字形，质硬脉显，绿有光泽。细长翠绿而挺拔的花莛高耸于叶丛面，四面着花，相邻一对紧挨，莛花6～10朵，花柄细长，色深紫红。三萼长脚圆头、紧边，端似汤勺状，里扣态，质厚，肩平；深兜半硬蚕蛾捧；如意舌，舌面缀有红点斑。为传统名种。

浙江 叶华海，福建 许东生栽培

▲**朵云**

本品为国内珍稀的绿壳类蕙兰变体（奇特的，波浪状的）梅瓣名种。民国年间，由江苏无锡蒋氏选出，后由沈渊如先生栽培。它为斜立半弓垂叶态，叶齿细密，叶色淡翠绿，发苗率高，易开花。出架花莛黄绿色，花柄较短，莛花8～9朵。三萼短圆宽阔，均外翻呈波浪状；花瓣为短圆的猫耳捧，向上翻皱，近捧端中心处有一近圆形的淡黄硬点，俗称“乳凸”，即为雄性化体；大圆舌略后挺，舌面黄绿苔上缀有鲜丽的红斑。花形别而有格，堪为珍品。

浙江 屠天新栽培

▲**留春** 本品为赤转绿壳类蕙兰梅瓣花。20世纪初，由江苏宜兴的爱兰者在当地林野采得。吴应祥先生曾把本品收录于《国兰拾粹》一书中。它为半垂叶态，新芽绿色，芽端有红晕。绿色细莛高耸挺拔，莛花8～10朵。三萼长脚、圆头，紧边，收根，里扣态，中萼前倾遮阳态，小落肩；软兜捧；圆舌。

江苏 单家欣栽培

◀**归梅** 本品为四川邛崃天台山和尚于2004年在天台山林野采得。为蕙兰变种“送春”的梅瓣花。2006年峨眉山的邹剑星向其购得。它为斜立弓垂叶态，株叶6～7枚，断面呈广“V”字形，叶长45cm，宽2.5cm，质厚糯，色翠绿而有光泽。较粗绿花莛高耸挺拔，莛花5朵，苞片细长、色绿，花距疏朗，花柄细长。三萼珠圆形，端圆紧边，基细收根，中萼前倾，肩萼平举；花瓣与合蕊柱共为连肩合背硬捧；直圭舌。花香幽远。

四川 邹剑星栽培

▲**华宝梅**　本品为近几年从湖北境内下山的赤转绿壳类蕙兰梅瓣花。已第二次复花。它为斜立弓垂叶态，叶断面呈广“V”形。淡红花莛高耸，莛花9～11朵，花距疏朗，花柄紫红色。三萼较短阔，端圆紧边，基收根，中萼前倾遮阳态，小落肩；分窠蚕蛾棒；圆舌面缀点鲜丽。

浙江　叶华海栽培

▲**雨前梅**　本品为赤转绿壳类蕙兰梅瓣花。1988年4月于安徽宁国下山。由于根部受损严重而致有蕾而不能开放，经18年的精心培育，于1996年复花。它为斜立弧垂叶态，叶断面呈“V”字形，质厚硬，间有扭曲叶。绿色花莛高耸挺拔，莛花8～9朵，花距疏朗，细长花柄淡紫色。三萼质厚糯润，色翠绿，长脚圆头，紧边，收根，中萼前倾呈弧盖态，侧萼微落肩，里扣态；分头合背半硬棒；龙吞舌。花容端庄，风仪秀具，花香幽远。

江苏　俞前栽培

▲**金冠梅**　本品为赤壳类蕙兰梅瓣花。本品莛花9～13朵，金黄花莛高耸挺拔，花距疏朗，花柄较粗长，色紫红。金黄色萼片较长阔，端圆紧边，端尖中心有凹或凸，收根明显，飞肩，里扣态；分窠半硬蚕蛾式棒；大如意舌。花姿活泼，雍容富丽。

浙江　凌华栽培

◀**沃洲梅**　本品为赤转绿壳类蕙兰梅瓣花。为2003年春，浙江梁旭明于浙江新昌下山。它三萼阔大，蛋圆形，由于细收根和萼端大紧边而显得有放角状，萼质厚糯，肩平，里扣态，色绿，略泛黄晕；软棒；大圆舌。

浙江　梁旭明、梁志明栽培

梁宜正供照

▲**沟鸿梅**　本品为赤转绿壳类蕙兰梅瓣花。21世纪初于江苏宜兴下山。它浅绿泛淡紫晕的细长花莛，莛花11～13朵，排列疏密有致，苞片披红彩。三萼短脚圆头，紧边，收根，近平肩，里扣态，色绿基红；分窠蚕蛾棒；如意舌，舌面缀点有致。花容端庄，花色绚丽，清香萦绕。

浙江　周大伟栽培

▶**老染字**　又名“老阮字”。清道光年间，由浙江嘉善县阮姓染坊选出。前者以选出地为名；后者以选出者姓氏为名。本品为蕙兰赤壳类梅瓣花，被列入蕙兰“老八种”之一。本品为斜立半弓垂叶态。是个叶短阔、多叶的品种，株叶可多达8～11片。绿泛紫红晕的细花莛高耸挺拔，花柄淡紫红色。莛花7～12朵，花距较密，三萼短而窄，圆头紧边，收根，中萼略挺，花肩近平，色黄绿泛淡红晕；分窠大观音棒；大如意舌，舌尖常偏向一侧，俗称“秤钩头老染字。”

浙江　郑普法栽培

▲**袖珍梅** 本品为近几年下山的绿壳类蕙兰梅瓣花。它直立半弓垂叶态，叶长50cm许，叶幅0.8～1.0cm，断面呈广"V"字形。花莛出架，莛花7～9朵，花距疏朗。三萼较短阔，圆头、紧边，基收根，近平肩，略呈里扣态；蚕蛾捧；如意舌。

浙江 林申燎栽培

▲**状元梅** 本品为新选出的浙江产赤转绿壳类蕙兰梅瓣花。它为斜立半弓垂叶态。叶断面呈广"V"字形，色翠绿而有光泽。细长花莛泛紫红晕，花柄满泛红晕，苞片有瓣化，莛花7～8朵。三萼长珠形，两端收根，中段微挺，端尖微扭而略挺，肩平；分窠蚕蛾捧；如意舌，舌面缀有品字形鲜红斑。

浙江 寿济成栽培

▲**红蕙梅** 本品为近几年从甘肃南部下山的赤壳类蕙兰梅瓣花。它三萼短阔长珠形，端圆紧边，基收根，三萼里扣态，萼背淡紫红色，萼面披红脉纹泛红晕；分窠观音兜捧；刘海舌。花容端庄，花色绚丽。

甘肃 魏小军栽培

▲**紫轮梅** 本品为赤壳类蕙兰梅瓣花。近年于甘肃南部下山。它深紫色花莛、花柄，覆轮花，萼背披紫彩，萼面深绿泛紫晕，独树一帜。三萼长珠形，端圆、紧边，基收根，萼体略挺；硬蚕蛾捧；兜状圆舌，舌面缀有浅紫红斑，花有香气。

贵州 朱敏夫栽培

▲**绿辉梅**　本品为绿壳类蕙兰梅瓣花。三萼阔大，长脚圆头，大紧边，细收根，端中心处有褐色凹陷，中萼遮阳态，肩萼近平举，里扣态；分窠半硬棒；大如意舌。花容端庄，花色秀丽。

《魅力兰花》编辑部供照

▲**乌蒙梅**　本品为贵州产赤转绿壳类蕙兰梅瓣花新品。细长深紫色莛柄苞片。三萼短阔，圆头，紧边，收根，中萼前倾、弧曲，肩萼平举后下斜；浅兜软棒；大圆舌，舌面缀有鲜丽红斑。花容端庄，花色秀丽，花香四溢。

贵州　卢昭阳栽培

▶**小陈梅**　本品为赤转绿壳类蕙兰梅瓣花。于2002年从河南境内下山。它为斜立弧垂叶态，叶质厚硬，色绿而有光泽。细长艳莛高耸挺拔，莛花9～11朵，花距疏朗，花柄细长，色紫红。三萼较短阔，匀圆紧边，细收根，肩平；分窠蚕蛾棒；如意舌，舌面缀有密聚而鲜艳的红斑。花容端庄，花色秀丽，香气幽远。

浙江　陈亚东栽培

▲**新蜂巧梅**　本品为赤壳类蕙兰梅瓣花。1998年，由安徽兰友于当地下山。它为斜立半弓垂叶态，叶断面呈广“V”形，叶质厚，叶色深绿。紫褐色花莛高耸，莛花7朵，花柄紫红色。三萼珠圆形，端圆紧边，基细收根，三萼端部略挺，侧萼平举；分窠猫耳状棒，端尖、端缘有雄性化兜；大圆舌，舌面缀斑红艳。花容似“蜂巧梅”。

江苏　单家欣栽培

▲**瑞芬梅**　本品为赤转绿壳类蕙兰梅瓣花。2001年4月，由浙江绍兴市漓渚镇的叶华海从湖北随州购得。由于它的花形似春兰“瑞梅”，气味芬芳，冯仰澄先生遂为命名。它为斜立弧垂叶态，质厚色翠，绿色细花莛挺拔（本花照为下山照），花距疏朗。三萼短脚圆头，紧边，收根，肩萼近平举；半硬蚕蛾棒；龙吞舌。

浙江　叶华海栽培

▲**松强梅** 本品为赤转绿壳类蕙兰梅瓣花。它为斜立弓垂叶态，主脉沟深，叶齿细锐。花莛挺拔，花距较密，绿莛、红花柄，翠绿色花。三萼短而阔，紧边、收根，端有白尖兜，中萼呈勺状前倾，侧萼斜垂；半硬捧兜；大如意舌。花容端庄秀丽，令人珍爱。

山东 陈松强栽培

◀**林氏梅** 本品为新选出的下山赤壳类蕙兰梅瓣花。它莛粗柄大，花也大。三萼长脚圆头，紧边，收根，中萼前倾，肩萼微垂里扣态，基红端绿；分窠蚕蛾捧；三角如意舌。花容端庄，花色绚丽。

浙江 林申燎栽培

▲**常熟新梅** 本品为绿壳类蕙兰梅瓣花。它为斜立半弓垂叶态，叶面较平展，叶齿细锐，质糯色绿。翠绿花莛高挺，莛花9～11朵，花距疏密有致，翠花柄长而略斜伸。三萼细脚圆头、紧边，中萼前倾，肩平里扣态；分头合背式半硬捧；如意舌，舌面缀有红斑。中宫圆结，花容端庄，花色翠绿，香气四溢。

浙江 屠天新栽培

▶**新华梅** 本品为绿壳类蕙兰梅瓣花。于近几年从浙江新昌下山，故又名“新昌梅”。它为斜立半弓垂叶态，叶鞘低，叶质厚糯。绿色花莛高耸挺拔，莛花11～13朵，花距较密，花柄细长。三萼短阔、呈饭勺态，端紧边而有里扣尖凸，收根细，中萼遮阳态，肩萼平举后斜垂、里扣态；分窠半硬蚕蛾捧；小龙吞舌。花耐开，花守好，多次在兰花博览会获奖，为绿蕙新花中的精品。

浙江 丁天其栽培

▲**新昌梅** 本品为绿壳类蕙兰梅瓣花。21世纪初下山。它斜立弓垂叶态，叶质厚糯，叶色翠绿而有光泽。绿色花莛高耸挺拔，莛花9～13朵，花距疏朗。三萼长脚圆头，紧边，收根，搂抱态；分窠半硬捧；如意舌，舌面缀斑鲜丽。已正式登录（登录号0140）。

浙江 张文秋、张银佳、梁本红栽培
梁宜正供照

▲**珍梅** 本品为赤转绿壳类蕙兰梅瓣花。近几年从浙江黄岩下山。花莛挺拔，莛花9~13朵，花距较密，淡紫红花柄略短。三萼较短阔，圆头、紧边，细收根，中萼前倾遮阳态，侧萼近平举里扣态；分窠蚕蛾棒；龙吞舌。堪为珍品。

《魅力兰花》编辑部供照

▲**圆梅** 本品为赤转绿壳类蕙兰梅瓣花。三萼短阔而形较圆，端紧边，基收根，中萼前倾遮阳态，侧萼近平举，略挺飘；分窠半硬棒；如意舌，舌面缀点鲜丽。

《魅力兰花》编辑部供照

▲**皇蕙梅** 本品为绿壳类蕙兰梅瓣花。于2002年从湖北随州下山。三萼短阔，端圆紧边，呈勺状，里扣态，基收根，肩平；分窠蚕蛾软兜棒；如意舌，舌面缀斑鲜丽。花容端庄，中宫圆结，花色翠绿，花香幽远。

浙江 简旭东、寿济成栽培

▶**淮安梅** 本品为绿壳类蕙兰大型梅瓣花新品。以产地名与花品结合为名。三萼长脚圆头，紧边收根，色深绿，质厚且糯，中萼前倾遮阳态，肩萼近平里扣态；分窠软观音棒兜；大如意舌。花容端庄，色绿香醇。

江苏 陈士友栽培

▲**延陵梅** 本品为赤转绿壳类蕙兰梅瓣花。于1995年从浙江舟山定海下山。它为斜立半弓垂叶态，叶质较厚而略硬挺。花莛挺拔高耸，莛花9~11朵，花距疏朗，长花柄洋红色。三萼质厚糯，色黄，长阔比例恰到好处，勺状圆头紧边，细收根，肩平，略里扣状；分窠半硬棒；如意舌。花容端庄，花色富丽，花香幽远。

浙江 林申燎栽培

▲**新神桃** 本品为赤转绿壳类蕙兰变体梅瓣花。2003年3月下山。萼缘泛淡紫红晕，形似桃子状而为名。本品三萼短阔，中段阔、略挺，两端收细、略后倾，端尖有深凹；半硬捧；小圆舌，舌面缀有鲜红斑。

浙江 王德仁、傅敏、舒继华栽培

▲**金鼎梅** 本品为赤转绿壳类蕙兰梅瓣花。三萼短阔，端圆阔似饭勺状，端紧边里扣，基细收根，中萼前倾遮阳态，侧萼平举里扣态；分窠半硬蚕蛾态捧；三角如意舌，舌面满布鲜红晕斑。本品莛绿，柄红，花硕大，色绿而泛金红晕，堪为佳品。

《魅力兰花》编辑部供照

▲**翠桃献寿** 本品为赤转绿壳类蕙兰梅瓣花。它三萼较短阔，两端收根，端钝圆，中段略挺，形似桃形；分头合背式硬捧；如意舌端已有如硬捧状的雄性化体与硬捧合为倒品字形，格外独特。

浙江 凌华栽培

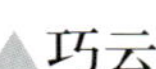

▲**巧云**

本品为浙江新下山的赤转绿壳类蕙兰变体梅型花。三萼较短阔，中段阔而略挺状，两端逐渐收细，端钝圆而有深凹状；分窠剪刀式兜捧略抱合蕊柱；大刘海舌，舌面有恰到好处的红斑点缀。其花姿略似名品“蜂巧”与“朵云”，故而为名。

浙江 寿济成栽培

▶**欣雄梅** 本品为赤转绿壳类蕙兰梅瓣花。2003年4月于河南洛阳下山。斜立弓垂叶态，叶断面呈“U”字形，质糯色绿。淡绿细长花莛，莛花7～9朵，排列匀称，细紫中长花柄撑翠绿花。三萼短脚圆头，紧边，基细收根，中萼略前倾，侧萼平举里扣态；分头合背式软深兜捧合抱蕊柱；如意舌或龙吞舌。中宫紧凑，清香馥郁。

浙江 王建设栽培

▲**仙化梅** 本品为赤转绿壳类蕙兰梅瓣花。为湖北大悟县宣化镇（原名仙化店）的张劲夫，于近年在大别山下山。它为直立半弓垂叶态，叶长60～70cm，宽1.0～1.2cm，断面呈广“V”字形，叶质厚糯，色翠绿而有光泽。细长淡绿色花莛高耸，莛花9～11朵，细花柄浅红色，苞片红色。三萼长珠形，端圆紧边，细收根。中萼遮阳态，侧萼平举里扣态；半硬蚕蛾捧；兜状圆舌，舌面缀有紫红斑，花有清香气。

湖北 张劲夫栽培

▲**秀敏梅** 本品为近年新选出的绿壳类蕙兰梅瓣花。它三萼较短阔，中段稍有放角样，端钝圆、紧边，基收根，三萼里扣态；半硬捧；三角如意舌，白舌面缀红斑错落有致，斑中心呈白色长珠形。花容端庄、含蓄，花色秀丽，清香四溢。

广东 陈少敏、郑秀瑶栽培

▲**宜兴蕙梅** 本品为江苏宜兴近年下山之绿壳类蕙兰梅瓣花。它为斜立弓垂叶态，叶长60～70cm，宽0.8cm，断面呈“V”字形，质厚硬，色翠绿。细长花莛高耸挺拔，莛花9～11朵，花距疏朗而匀称，花柄细长，色绿。三萼长珠形，端钝圆、紧边，基收根，中萼前倾遮阳态，侧萼小落肩态；分窠蚕蛾捧；如意舌。花容端庄，花色秀雅，香气四溢。

浙江 葛伟文栽培

▶**保康梅** 本品为赤转绿壳类蕙兰梅瓣花。近年于湖北保康下山。它为斜立半弓垂叶态，叶质厚糯，色深绿而有光泽。绿而微泛淡紫晕的细花莛，高耸挺拔，细花柄淡紫色，苞片紫色，莛花7～9朵。三萼细脚圆头，紧边，中萼前倾，侧萼平举里扣态；分窠半硬捧；铺舌后倾。

湖北 刘万义供照

2 线艺类

Xianyilei

▲**青春**　本品为绿壳类蕙兰叶、花覆轮艺佳品。

浙江　凌华栽培

▲**龙虎月光**　本品为蕙兰赤转绿壳类中透线艺花。近年于江西贵溪下山。本品叶、莛、柄、花、形色对比鲜明，素艳结合，交相辉映，十分秀丽，令人珍爱。

江西　范敏栽培

▶**锦鹤素**

本品为四川产绿壳类素心蕙兰。是个难得的叶花双艺的素心珍品。原名“银翠素”。由于本品的线艺，已在“鹤艺”的基础上进化为到叶基的阔边艺，因而称为“锦鹤艺”。

四川　周平章栽培

▲**桂香**　本品为四川产赤转绿壳类蕙兰双艺佳品。本品叶为深爪艺，花为大绿帽花。

《魅力兰花》编辑部供照

▲**彩霞** 本品为赤转绿壳类叶花双艺佳品。1997年自浙江新昌下山。叶为银色覆轮艺，花为阔银白色覆轮艺之上泛粉红沙晕似霞，实属罕见。

浙江 寿济成栽培

▲**黄龙银海** 本品为四川平武县下山的绿壳类蕙兰线艺佳品。它为黄色大虎斑艺。曾获第十七届兰博会银牌奖。

四川 徐厚远栽培

▼**花华** 本品为大别山产的赤转绿壳类蕙兰线艺花佳品。它的萼片为乳白覆轮艺，花瓣为锦鹤艺（即鹤艺加阔覆轮艺）。花姿活泼，花色秀丽。

湖北 张劲夫栽培

▲**银童** 本品为蕙兰矮种银色覆轮艺。

浙江 凌华栽培

▲**红缟赤蕙** 本品为四川平武县所产之赤壳类蕙兰叶、花双艺奇品。它的株叶已出白中缟艺，而它的花却为红中缟艺，多色交相辉映，显得格外艳丽娇美。

四川 徐厚远栽培，福建 许东生栽培

▲**金虎** 本品为四川盐源县所产之蕙兰黄色虎斑叶艺品。

四川 黄竹熊伟栽培

▲**翠玉锦** 本品为四川产之赤转绿壳类蕙兰叶、花双艺佳品。它叶为斜立弓垂叶态，银白色覆轮垂线艺；花为阔银覆轮艺。双捧中脉红，基泛鲜红晕，唇瓣缀斑格外鲜红。花容端庄，花色艳丽。

福建 许东生、许杰、许悦 许奇栽培

▲**艺之冠** 本品为蕙兰中透叶艺佳品。

浙江 王建设栽培

▶**绿举清川** 本品为蕙兰变种送春的实生苗中透叶艺品。

云南 杨志高栽培

3 奇蝶类

Qidielei

144 〉〉〉 149
奇蝶类 〉〉〉 奇蝶类

▲**钟祥麒麟** 本品为赤转绿壳类蕙兰奇蝶花。近几年于湖北钟祥林野下山。它的合蕊柱拔高并分裂异化成众多的小花瓣，萼片也同时增生。花瓣与萼片均有部分唇瓣化，形成了花上花之奇观。

湖北 马涛、刘忠平、刘京秋栽培

▲**姜氏祥狮** 本品为赤转绿壳类蕙兰奇蝶花。于2003年下山于湖北境内。由于它的合蕊柱已分裂异化成小花瓣和小唇瓣，而有唇瓣增生3枚的奇观。构图新颖，色彩鲜丽。

江苏 姜洪生栽培

▲**编钟牡丹** 本品为赤壳类蕙兰牡丹形奇蝶花珍品。近年于陕西汉中下山。由于它的合蕊柱分裂异化成多个蕊柱，而有花瓣增生，并唇瓣化，萼片也同时增生。构图别致，花色绚丽。

湖北 金山栽培

▲**绿牡丹** 本品为绿壳类蕙兰奇蝶花珍品。1999年于湖北下山。本品由于合蕊柱的高度分裂异化，而有多萼、多捧、多舌、多碎瓣之奇观。它的多萼、多捧组成菊花状排列，花瓣多有唇瓣化，花心部由多枚唇瓣与分裂增生的小合蕊柱、碎花瓣组成花中花。花形别致，构图新颖，色彩对比鲜明，十分秀丽。2004年曾获浙江黄岩蕙兰展金奖。

江苏 姜洪生栽培

▲**欣雄菊蝶** 本品为近几年下山的赤转绿壳类菊形奇蝶花佳品。本品由于合蕊柱高度分裂异化而有萼片增生，弧垂翻翘，花瓣稍短而端圆，呈菊形排列，花朵的中心部短而端尖的小花瓣依次叠生，鲜艳而伴有部分唇瓣化的花瓣耸立后翘。其间有部分萼片、花瓣有“草蝴”迹象。本品还在继续异化中。

浙江 王建设栽培

▲**中华飞龙** 本品为绿壳类奇蝶花珍品。于2002年2月自河南洛阳下山。它的绿色细花莛高耸挺拔，莛花8～9朵，花柄细长。复色三萼片挺翻飞翘；花瓣唇瓣化；合蕊柱分裂异化成众多的小唇瓣，合而构成上下双层奇蝶花。朵朵形态各异而起绒光。莛上9朵花一齐开放时，犹如群龙曼舞，十分壮观。

浙江 邱文雄、王建设栽培

▲**江南麒麟** 本品为赤转绿壳类蕙兰菊形多瓣奇蝶花。原名"千手如来"。它的萼片、花瓣均增多，有的花瓣完全或半唇瓣化。花朵朝天开，花色金黄伴有红斑彩，花容富丽华贵。

浙江 凌华栽培

▲**欣雄牡丹** 本品为绿壳类蕙兰牡丹形奇蝶花。于2003年4月下山于河南卢氏县。它的绿色细花莛高耸，莛花5～7朵。萼片、花瓣、唇瓣大量增多，呈菊花形排列。花瓣有部分唇瓣化；合蕊柱分裂异化成花菜样。排列有序，十分秀丽。

浙江 王建设栽培

▶**东方明珠** 本品为浙江产赤壳类蕙兰树型奇蝶花新佳品。它的合蕊柱异化拔高，萼片状小花瓣从花柄中段始循上而增生，其花朵上部，分生多瓣奇蝶花。花团锦簇，花色富丽，清香四溢。

江苏 顾振华栽培

◀**绿州奇蝶** 本品为贵州产之赤转绿壳类蕙兰奇蝶花。它的萼片增三合为六，呈菊花形排列；花瓣增一，捧基初现唇化迹象。合蕊柱增大，药帽三裂，色泽各异；唇瓣大量增生，大小形态各异，好比瑶池盛会，风韵不凡。

贵州 曾家让栽培

◀**玉树牡丹** 本品为赤转绿壳类蕙兰牡丹形奇蝶花。它的子房拔高，苞片状萼片依次互生，顶部开牡丹形奇蝶花。它的唇瓣趋于捧瓣化，但其面仍保留唇瓣之鲜艳斑彩。合蕊柱高度分裂并异化成众多拳状小花瓣，层层环绕如菊花心部状。花瓣也增生，并有部分唇瓣化，瓣姿婀娜，妙趣天成。

《魅力兰花》编辑部供照

◀**板桥奇** 本品为浙江产之绿壳类蕙兰奇蝶花新佳品。它花莛高出叶丛面，朵朵朝天而开。肩萼片唇瓣化过半，姿前伸或垂翘；中萼环卷花朵基部外侧；半硬花瓣环抱、垂翘；唇瓣耸立翻卷。形态别致，着色绚丽。

江苏 单家欣栽培

▲**滇林奇蝶** 本品为赤转绿壳类蕙兰奇蝶花佳品。于云南个旧市下山。它萼片增一，花瓣短阔，异化成唇瓣状，合蕊柱高度异化分裂成多个有部分唇瓣化的小花瓣，环排一周，如菊花朵样。更为别致的是，在中萼片之下，有两枚管状花瓣高耸前倾。花形格外别致，令人欣羡。

云南 杨林栽培

▼**春牡丹**（送春） 此为四川产蕙兰变种“送春”之牡丹形奇蝶花。它的合蕊柱高度分裂异化成多枚有部分唇瓣化的小花瓣，组成花上花。唇瓣增生2～4枚。排列有序，多而不乱。造型奇特而优美，花色绚丽。

《魅力兰花》编辑部供照

▲**华馨牡丹** 本品为近些年下山的绿壳类蕙兰奇蝶花珍品。它的合蕊柱异化成一个阔大的桃形花瓣，其上分别长出3个品字形排列、已显露出唇瓣的小花蕾，增生花瓣荷形并有部分唇瓣化迹象，萼片也增生，尚有部分唇瓣化。众多花被片，呈菊花形排列，多而不乱。花色秀丽，清香萦绕。

浙江 凌华栽培

◀**乌蒙奇蝶** 本品为蕙兰变种“送春”的奇蝶花。于近年自贵州织金县下山。本品隶属于树型奇蝶花。它的子房拔高，萼片状的苞片循上互生，顶上绽开几朵奇蝶花。奇特奥妙，神韵超凡。

贵州 安启昌栽培

▲**秀敏奇蝶** 本品为近几年下山之赤转绿壳类蕙兰奇蝶花。它子房拔高，依次增生萼片，其间兼有唇化样的小花瓣。花朵绽开后，合蕊柱拔高，分裂异化成数朵并生的奇蝶花。

广东 陈少敏栽培

▲**国色牡丹** 本品为绿壳类蕙兰奇蝶花。它萼片增生，四面开拔，唇瓣增生，与部分唇瓣化之花瓣构成绚丽的一朵花。合蕊柱高度分裂，其各个增生蕊柱基部，增生许多小花瓣、唇瓣，构成一朵绣球状之奇蝶花。结构玄妙，布局精微，鹏程凌霄，气宇非凡。

《魅力兰花》编辑部供照

▲**天娇牡丹**
本品为湖北产之赤转绿壳类蕙兰奇蝶花。它合蕊柱分裂异化成多个小唇瓣，萼片、花瓣增多，呈菊花形排列；唇瓣增多，四面蜿蜒伸展。花容多姿多彩，繁花似锦。

浙江 凌华栽培

▲**郭氏牡丹** 本品为赤壳类蕙兰奇蝶花。于20世纪末自陕西秦岭下山。它的萼片、花瓣增多，并呈梯形排列，花心部增生小花瓣和唇瓣。合蕊柱拔高，再开两朵奇蝶花。构图神妙，给人“欲穷千里目，更上一层楼”的美感。花色富丽，清香萦绕。

陕西 郭峰栽培

▲**绿菊奇蝶**　本品为绿壳类蕙兰菊形奇蝶花。于湖北保康县下山。

由于它的合蕊柱拔高，分裂，异化而有萼片、花瓣增生，并有部分唇瓣化。其蕊柱基部也增生一些萼片状的小花片。花色绿，形似菊花而为名。

湖北　黄佳国栽培

▲**金龙奇蝶**　本品为湖北产之赤壳类蕙兰奇蝶花。它花莛高耸，莛花7～9朵，花距疏朗。唇瓣增生；花瓣完全唇瓣化；合蕊柱异化成一个空管样。花型大，着色异常富丽。

浙江　林申燎栽培

▲**朱氏菊蝶**　本品为赤转绿壳类蕙兰菊形奇蝶花。它的合蕊柱已分裂异化成众多的、有部分唇瓣化的小花瓣。萼片、花瓣增多，并有部分唇瓣化。

《魅力兰花》编辑部供照

▶**淡氏奇蝶**　本品为赤转绿壳类蕙兰奇蝶花。它莛花十余朵，合蕊柱已显现异化，柱周增生小花瓣；花瓣、萼片有部分唇瓣化；唇瓣增多，是个仍在继续异化之奇蝶花。

浙江　郑普法栽培

◀**大别山奇蝶**　本品为大别山产之绿壳类蕙兰牡丹形奇蝶花。它的合蕊柱分裂异化成许多有部分唇瓣化的小花瓣。萼片、花瓣均有增生，且有部分唇瓣化。

湖北　潘波、张劲夫栽培

▲**明州牡丹** 本品为赤转绿壳类蕙兰奇蝶花。唇瓣增多，花瓣也增多，并唇瓣化。花形硕大，色彩绚丽。

《魅力兰花》编辑部供照

▶**蓝唇奇蝶** 本品为赤转绿壳类蕙兰奇蝶花稀珍品。本品合蕊柱分裂异化成木耳状的碎小花瓣，缠绕成团，组成花心。增生花瓣，部分唇化瓣姿飘逸，唇瓣增二，唇面点缀之彩斑，色泽为蓝色，着实罕见。

《魅力兰花》编辑部供照

◀**棕树菊蝶** 本品为赤转绿壳类蕙兰奇蝶花。它的子房拔高后，萼片增生，合蕊柱分裂异化成众多的花瓣组成花上奇蝶花。此外，它的花莛顶端3朵聚生，形似棕榈树样而为名。

《魅力兰花》编辑部供照

▼**绿林奇蝶** 本品为赤转绿壳类蕙兰奇蝶花。近年于湖北京山县下山。它的合蕊柱已初现分裂异化。萼片增生并有部分唇瓣化，唇瓣增生1个，排列对称。造型独特，花容秀丽。

湖北 刘京秋栽培

▲**蓝彩奇蝶** 本品为绿壳类蕙兰多舌捧蝶花。它萼片增二合五；花瓣完全唇瓣化；唇瓣增二合三。唇瓣与捧蝶为蓝色底缀朱红斑，格外独特。

浙江 金小森栽培

胡坚供照

▲**朝阳奇蝶** 本品为赤转绿壳类蕙兰奇蝶花。它的合蕊柱已拔高并分裂异化，蕊基有部分唇瓣化的木耳状小花瓣增生组成花上花。其下，萼片、花瓣、唇瓣均增多。朵朵朝阳，飘逸绰态，神采动人。

《魅力兰花》编辑部供照

4 水仙瓣类

Shuixianbanlei

150 〉〉〉 152
水仙瓣类 〉〉〉 水仙瓣类

▲**大一品** 本品为绿壳类蕙兰大荷花形水仙瓣花。为荷型水仙瓣之冠。被列为传统蕙兰“老八种”之首。清代乾隆末或嘉庆初年，在杭州富阳山中发现，由浙江嘉善胡少海选出。它叶色翠绿，新叶富有光泽，叶面平展，叶齿细锐。花莛细圆挺拔，莛花8～12朵，花径达7cm，被誉为蕙兰中最具风姿者。三萼荷形，中萼前倾，侧萼平伸；分窠大软蚕蛾棒；大如意舌。

福建 许奇栽培

▼**石岭仙** 本品为浙江产蕙兰赤转绿壳类荷形水仙瓣花佳品。它为直立半弓垂叶态，叶断面呈“V”字形，质厚，色深绿，淡绿色细花莛高耸，细长花柄与苞片鲜红色，莛花7～9朵。三萼片略短阔，中段放角，基细收根，端钝尖、紧边，中萼前倾，侧萼近平举；分窠半硬棒；龙吞舌。花守好，花香四溢。

浙江 过小华栽培

▲**绿友仙** 本品为赤转绿壳类蕙兰水仙瓣花。它三萼较短阔，端钝圆、紧边，基收根，姿略挺；分窠浅兜棒；大卷舌。双棒面略现唇瓣化迹象，也许有望继续异化，逐渐成为棒蝶花。

江苏 陈士友栽培

▲**黔东荷仙** 本品为贵州产绿壳类蕙兰荷形水仙瓣花。它萼片短而端放角、紧边，基收根，里扣态；分窠蒲扇式棒，棒端略挺，并有雄性化体；大铺舌下挂不后卷，舌面缀斑鲜丽。

贵州 薛霞、薛英栽培

▶**仙绿** 本品为绿壳类梅型水仙瓣花。于江苏宜兴下山，又称“宜兴新梅”。本品初开时，略似“上海梅”，因此又称“后上海梅”。它细莛高耸挺拔，莛花9～11朵，绿色小花柄着生疏朗而匀称。三萼长脚圆头，细收根，中萼前倾，肩萼近平举，里扣态；分窠羊角兜棒；长尖舌下挂不后卷，舌面缀满红点。本品初开时，略似“上海梅”，3～4天后棒上翻，后向下伸长，便成水仙瓣了。

浙江 屠天新栽培

▲**仙荷极品**
本品为湖北产赤转绿壳类荷形水仙瓣花。三萼短阔，端放角，端小尖凸里扣，基收根，中萼前倾，肩萼近半举里扣态，金黄色微泛淡绿晕，基泛红晕；短圆软浅兜捧；大圆舌放宕略后倾，舌面缀斑红艳。花容端庄，花色富丽。
浙江　周鑫栽培、蔡阳摄影

▲**富氏荷仙**　本品为赤转绿壳类蕙兰荷形水仙瓣花。三萼较阔大，中段明显放角，基收根，端紧边，中萼前倾，双侧萼微垂，质厚、色青绿；分窠半硬蚕蛾捧，刘海舌，舌面缀有对称的紫红斑。
浙江　富浩舟栽培

▲**金刚**　本品为赤转绿壳类蕙兰水仙瓣花。它中萼前倾，梭镖形，端紧边，基收根；侧萼带形紧边，呈“八”字形下垂；花瓣如双手握拳前伸，为分窠半硬拳兜捧；大如意，舌面缀有密集的鲜红斑，褶片发达，呈倒“八”字形；合蕊柱前伸，黄药帽呈倒心脏形。花容各部离宗别谱，形似“八大金刚 ”而为名。
浙江　丁天其栽培

▲**金荷仙**
本品为赤壳类蕙兰荷形水仙瓣花。它三萼放角、紧边，收根，中萼前倾遮阳态，侧萼微垂、略里扣态；蒲肩式捧，缘有明显的紧边浅兜；大刘海舌，舌面缀斑鲜丽。花型硕大，雍容华贵。
浙江　凌华栽培

▲**流云**　本品为赤转绿壳类蕙兰飘门水仙瓣花。近年于湖北随州下山。它翠绿细花莛高耸挺拔，莛花11朵，细长小花柄紫红色，苞片披挂淡紫彩。三萼短阔，中段挺飘如波浪状；短阔猫耳状捧，端挺飘，端中心处有大而明显的雄性化片块体，似流水行云；大铺舌阔大，缀斑红艳。花形别致，花色绚丽。
浙江　周鑫、舒继华、付敏、王瑾斌
邱文雄栽培

▶**水晶荷仙**　本品为赤转绿壳类蕙兰荷型水仙瓣花佳品。近年于湖北洪山下山。它为斜立半弓垂叶态，叶有水晶斑缟艺。青黄花莛高耸挺拔，莛花9～11朵，花距疏朗，淡紫色花柄细长。三萼片阔大，1∶1.75，中段放角典型，两端收根，端紧边，质厚而糯；半硬兜捧；大圆舌，舌面缀斑大而鲜红。花容端庄，花色绚丽，堪为荷型水仙之精品。
湖北　金山栽培

▲**报喜鸟**
本品为浙江产绿壳类蕙兰飘门水仙瓣花。取它的花容似翱翔之鸟而为名。它中粗绿花莛高耸挺拔，莛花7～9朵，花距疏朗，苞片淡绿，花柄较长。三萼带形，圆头、紧边，挺飘浪卷；淡绿覆轮之猫耳状捧，端飘，中心处有明显的雄性化体；大圆舌下挂不卷。形态别致，花香四溢。

浙江 梁小龙、梁宜正栽培

▲**仙子梅** 本品为赤转绿壳类蕙兰梅型水仙瓣花。近年于河南下山。三萼较阔，端卵圆形，紧边，基收根，中萼前倾，侧萼近平举，绿底泛淡红晕彩；分窠蚌壳状浅兜捧；大如意舌。花型硕大，花容端庄。但由于它的捧兜浅和萼端欠圆阔而不能列入梅瓣，于是列入梅形水仙瓣。如果更名为“梅子仙”似乎会更贴切些！

浙江 叶华海栽培

◀**富春仙** 本品为浙江产赤转绿壳类蕙兰水仙瓣花。三萼较细长，端略放角，紧边，基收根，中萼略前倾，肩萼平举端略垂；分窠豆壳状浅兜捧；如意舌。

浙江 吴更喜栽培

▼**新昌水仙** 本品为绿壳类蕙兰水仙瓣花。翠绿花莛高耸挺拔，莛花9～11朵，花距疏朗，花柄细而长。三萼长脚圆头，紧边，收根；半硬羊角状捧；大圆舌，舌面缀有鲜红大斑块。唇瓣之侧裂片耸起，色红艳。

浙江 梁生弟、梁宜正栽培

▲**秦岭之波** 本品为赤转绿壳类蕙兰飘门水仙瓣花。它三萼带形，端圆、紧边，萼体浪状挺飘或前扣；猫耳状花瓣耸立，端挺飘，端部中心处有明显的黄色雄性化体；大卷舌，舌面缀有鲜艳的红点斑。每朵花形、情态不同，香气四溢。

陕西 翟企平栽培

5 素心花类

Suxinhualei

▲**橘红素** 本品为贵州产之赤壳类蕙兰素心花。橘红明丽，金辉莹润，典雅华贵，清香幽远。

贵州 朱敏夫栽培

◀**温州素** 本品为传统蕙兰素心花中之大型柳叶形水仙瓣名种。于民国初年，由浙江温州艺兰者选出。以选出地名为名。它为直立半弓垂叶态，叶深绿有光泽，叶齿粗锐，叶质厚硬。淡绿花莛细圆挺拔，莛花8_11朵。三萼形似柳叶，紧边，质厚，肩平端垂；剪刀捧，初开合抱蕊柱；大卷舌，苔色黄绿。花形硕大，气势非凡。

浙江 范玉如栽培

▶**玉荷素** 本品为浙江产之蕙兰绿壳类荷形素心花。它三萼片阔大，中段略放角，两端收细，中萼前倾，肩萼平举端下垂；蒲扇式捧；大铺舌面绒凸多，苔色绿白。

浙江 寿济成、丁天其栽培

▼**翠绿素** 本品为绿壳类蕙兰翠绿色素心花。近年于湖北谷城下山。本品叶材细矮，叶姿婀娜，花色翠绿，明静谐和，清香萦绕，仙姿神韵。

湖北 温朝明栽培

▲**天荷素** 本品为浙江产绿壳类蕙兰荷形素心花。它萼片带形，端部略放角，紧边，基收根，中萼前倾，肩萼向下斜垂；蚌壳式捧；大卷舌，舌面具绿苔，白绒凸。花色白绿，素净。

浙江 丁天其、丁天明栽培

▲**保康素** 本品为湖北保康县产之绿壳类蕙兰大型素心花。

湖北 刘万军栽培、刘万义供照

▶**一品黄素** 本品为四川平武县产之赤转绿壳类蕙兰黄色素心花。花纯黄玉润，金辉莹射。

四川 徐厚远栽培

福建 许东生引种

▲**宁海素蕙** 本品为绿壳类蕙兰素心花。1998年3月于浙江宁海下山。以产地名为名。它直立半弓垂叶态，叶较短阔。莛、柄、花均为翠绿色。

浙江 赵葵葵、应国辉栽培

◀**翱翔素** 本品为福建产之蕙兰素心花。依其花形似鸟翱翔态而为名。花形魁奇，风姿婉妙，颇具韵味。

福建 肖玉、陈日明栽培

▲**多花奇素** 本品为四川平武县产之赤转绿壳类蕙兰奇花素。它的花序由总状花序异化为复总状花序。花莛分叉，由多个互生、对生、轮生花序聚于1莛。壮苗可莛开40余朵素花，实为罕见。

四川 徐厚远栽培

6 荷瓣类

Hebanlei

蕙兰四大家：
大一品、程梅、楼梅、金岙素

◀**丁小荷** 本品为赤转绿壳类蕙兰荷瓣花传统名品。清代咸丰年间，由江苏丁姓兰友选出。它三萼片戟形（尖头、紧边、放角，基细收根），中萼前伸遮阳态，侧萼近平举，萼端斜垂；金黄色剪刀捧，捧缘有雄性化体镶嵌，因此有“金捧丁小荷”之称；唇瓣为舒而不卷的“拖舌”，舌端中心有微凹缺，略似双歧舌。由于本品之捧缘有雄性化体，而有人称其为飘门荷型水仙瓣花。笔者认为，它的捧端无挺飘，萼片也甚少挺飘，还是把它称为荷瓣花较适当。

福建　陈日明供照

▲**圣荷** 本品为绿壳类蕙兰荷瓣花。2003年于湖北随州下山，2005年4月复花。它为斜立半弓垂叶态，叶稍短，叶基断面呈广“V”字形，中段始渐平展，叶幅增大，叶长40cm，宽0.9～1.2cm，叶端钝圆，呈授露型，叶质厚，色翠绿而有光泽。三萼倒卵圆形，端放角，紧边，基收根，中萼前倾，侧萼略垂，稍里扣态，质厚色绿，基泛金红晕；蒲扇捧格外短阔，五瓣分窠；特大圆舌，舌面缀斑错落有致，色泽鲜丽；合蕊柱金药帽下方，镶一对红圆珠，尤为别致。

浙江　富浩舟栽培

▶**桃江荷** 本品为绿壳类蕙兰荷瓣花。2001年于湖南常德下山。它三萼短阔，端放角、紧边，基收根，里扣态，质厚色深绿；分窠蒲扇式捧合盖合蕊柱左右；大铺舌，舌端后倾不卷，舌面缀红斑略似狮面相。风采独具。

湖南　彭均安栽培

◀**郑孝荷** 本品为赤转绿壳类蕙兰荷瓣花传统名种。抗日战争前由浙江选出。后遗失，20世纪末由日本返销回国。它叶姿斜立，新芽翠绿色，芽尖有红晕，叶长40～55cm，宽0.8～1.0cm，断面呈“V”字形，质厚、色绿，而有光泽。花莛大出架，莛柄紫红色，苞片披红筋沙，莛花5～7朵。三萼较长，近端放角、紧边，基收根，中萼遮阳态，侧萼平举而端斜垂、里扣态，质厚、色翠而略泛金黄晕；分窠蚌壳捧；大刘海舌，舌端中心偶有微缺凹。它与“丁小荷”的最大区别是：①郑孝荷为绿色蚌壳捧；丁小荷为金色剪刀捧；②郑孝荷为大刘海舌，丁小荷为拖舌。

浙江　郑普法栽培

▲**翠勺荷** 本品为赤转绿壳类蕙兰荷瓣花新品。它三萼勺形，端放角、紧边，基细收根；剪刀式捧；大卷舌，舌面缀鲜红大块斑。花容端庄，花色秀丽。堪为佳品荷瓣花。

福建　陈日明栽培

◀**酉州素荷** 本品为绿壳类蕙兰荷瓣素心花佳品。近年下山于四川与湖北结合部的酉山。它三萼短阔，端放角、紧边，小尖凸内扣，但基不明显收根，中萼弧盖状，侧萼近平举、里扣态；分窠蚌壳捧；大卷舌，绿苔嵌白边。花形硕大、丰满，花色净绿，清香四溢。

江苏　陈士友栽培

▶**赵荷** 本品为近年下山的赤转绿壳类蕙兰荷瓣花。它三萼短阔，端放角、紧边，基收根，中萼前倾遮阳态，小落肩，萼质厚，色青绿泛金黄晕；分窠蚌壳式捧；大铺舌下挂后倾不卷，舌面缀红斑鲜丽。此为下山花照，复壮后，也许开品会更佳。

浙江　赵卫国栽培

▲**富贵荷** 本品为近年自陕西秦岭下山之赤转绿壳类蕙兰荷瓣花佳品。由于该花品色黄，花像春兰荷瓣代表种“大富贵”，而命之。它为直立半弓垂叶态，质厚，色绿。三萼短阔，端放角、紧边明显，基细收根，中萼近弧盖态，侧萼里扣态；蒲扇捧；大铺舌。

陕西　郭峰栽培

▲**文雄荷** 本品为2002年3月于湖北随州下山的赤转绿壳类蕙兰荷瓣花。它萼片较短阔，端放角、紧边，基收根，中萼前倾，侧萼近平举，质厚糯，色青绿；分窠短圆棒合盖合蕊柱左右；大铺舌下挂，后倾而不卷，舌面缀斑鲜丽。

浙江　邱文雄、王建设栽培

▶**瑞金荷** 本品为江西瑞金县下山之赤转绿壳类蕙兰荷瓣花。它三萼长而较阔，中段放角，两端收根，里扣态；蒲扇捧；大铺舌。

福建　陈茂强、刘卫明栽培

▲**绿魁荷** 本品为赤转绿壳类蕙兰荷瓣花。它三萼较长，也格外宽阔。中段放角、端钝尖，基细收根。中萼前倾而后挺，侧萼略垂；蒲扇捧；大铺舌镶白边。花容端庄、硕大，色秀丽。

福建 陈日明供照

▲**一舟素荷** 本品为浙江舟山群岛下山的绿壳类蕙兰荷瓣素心花。它三萼短阔，端放角、紧边，端中心处有里倾状尖锋，萼基细收根，平肩；分窠蒲扇捧，三角如意舌镶白边。

花容端庄秀雅，花色翠绿可爱。

浙江 富浩舟栽培

▶**黄盖荷** 本品为20世纪末从陕西秦岭下山的绿壳类蕙兰荷瓣花。三萼短阔，端放角、紧边，基收根，中萼弧盖，侧萼搂抱态；分窠磬口式捧；大卷舌。美中不足的是，萼片端放角欠显著。

陕西 郭峰栽培

▶ **金红荷**

本品为新下山的赤蕙类蕙兰荷瓣花。它三萼放角、紧边，基收根，略里扣态；短阔蒲扇捧；金边红大铺舌。花形端庄，花容富丽。美中不足的是莛上个别花的萼片放角尚不够，有待于复花时转佳。

浙江 凌华栽培

▲**金君荷** 本品为近几年下山的赤转绿壳类蕙兰荷瓣花。它叶短阔，叶端有三面刺，为本品的识别特征。三萼格外短阔，端明显放角、紧边，基收根，中萼遮阳态，肩萼近平举，略呈里扣态，质厚糯，色青绿泛黄晕；分窠蒲扇捧合盖合蕊柱；大卷舌，舌面缀斑错落有致且鲜丽，花香幽远。

浙江 潘金辉栽培

▶**晶桃荷** 本品为2001年下山的赤转绿壳类蕙兰水晶荷瓣花。它三萼短阔，端放角、紧边，基收根，中萼前倾遮阳态，肩萼近平举，端略垂，萼质厚糯，萼缘嵌有水晶覆轮，萼面嵌有水晶条斑；分窠短蒲扇捧；大铺舌，舌面缀斑鲜丽。

浙江 邱文雄、王建设栽培

7 捧蝶类

pengdielei

▲**梁氏叶蝶** 本品为绿壳类蕙兰叶蝶艺。唇瓣状的中心叶，全叶白肉化，心部缀有大块鲜红斑。此叶蝶艺是在该簇株花后的8月份才展现的。

浙江 梁宜正栽培

▲**卢氏蕊蝶** 本品为绿壳类蕙兰捧蝶花佳品。2002年3月于河南洛阳下山。浙江卢干发掘得，王德仁命名。它三萼片后翻或挺飘；双捧完全唇瓣化，并与唇瓣同形同色，瓣姿十分活泼，唇化捧常后翻再挺翘，更可贵的是瓣缘镶阔白缘，把捧蝶衬托得更加鲜丽可爱。

浙江 卢秀福、王建设栽培

▲**保康蝶** 本品为湖北保康下山之绿壳类蕙兰捧蝶花。它三萼片细长后翻；花瓣阔而长，完全唇瓣化，且与唇瓣同形同色，十分绚丽多姿。美中不足的是捧蝶体过长而后卷。

湖北 李敬国栽培，刘万义摄影

▶**雄蝶** 本品为2001年3月下山的赤转绿壳类蕙兰捧蝶花。浙江王德仁命名。它三萼片端庄舒展；花瓣短阔，完全唇瓣化，黄底白边缀鲜红斑，色彩对比鲜明。

邱文雄、王建设栽培

▲**蜀红蕊蝶** 本品为四川产绿壳类蕙兰捧蝶花佳品。它的萼片扭卷挺飘；花瓣完全唇瓣化，几乎与唇瓣同形同色。十分绚丽多姿。

《魅力兰花》编辑部供照

▲**丽蝶** 本品为绿壳类蕙兰捧蝶佳品。完全唇瓣化之双捧几乎与唇瓣同形同色，缀斑绚丽。

浙江 凌华栽培

▲**文素蕊蝶** 本品为贵州产之绿壳类蕙兰素心蕊蝶佳品。它三萼端庄，色翠；双捧短阔，完全唇瓣化，状似猫耳捧态，捧唇绿苔镶白边。十分素雅，清香远逸。

浙江 葛伟文栽培

◀**董氏蕊蝶** 本品为四川产之绿壳类蕙兰捧蝶花。它的唇瓣化花瓣虽基本上与舌同形同色，其褶片与侧裂片也全俱，唯其白肉化尚不如其舌，有待于继续异化。

《魅力兰花》编辑部供照

◀**大叠彩** 本品于1991年由浙江舟山的吕建军在定海狭门选得。命名为“千岛叠彩”。艺兰名家顾树棨先生更名为“大叠彩”。它为赤转绿壳类蕙兰捧蝶花。花莛浑圆直挺，莛花7～15朵，花柄紫红。萼片收根、放角，肩萼呈拱抱态；双捧完全唇瓣化，与唇瓣同形同色，十分绚丽。

浙江 屠天新栽培

▲**昆仑蕊蝶** 本品为重庆下山之绿壳类蕙兰捧蝶花佳品。它不仅花瓣完全唇瓣化，而且唇化花瓣短阔少后卷。

重庆 向昆仑栽培

▲**晶轮蕊蝶** 本品为蕙兰变种“送春”的捧蝶花。它的唇化双捧薄而透明，缀朱条彩斑。格外独特。

云南 李永福栽培

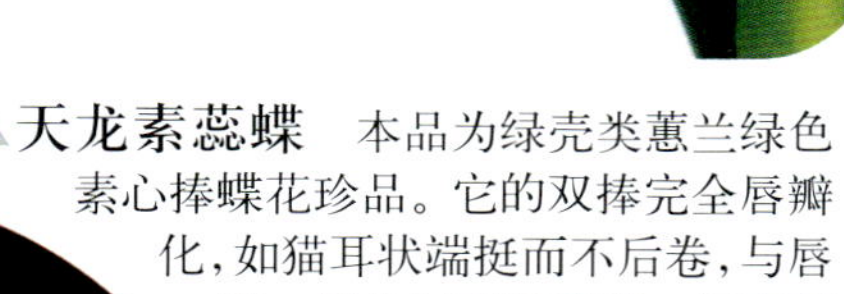

▲**天龙素蕊蝶** 本品为绿壳类蕙兰绿色素心捧蝶花珍品。它的双捧完全唇瓣化，如猫耳状端挺而不后卷，与唇瓣一样为绿苔镶黄缘，把素蕊蝶衬托得活灵活现。

浙江 王克建栽培

▼**宁波花捧** 本品为赤转绿壳类蕙兰花捧花。由浙江的应国辉于1995年3月自宁海下山。它的双捧仅是周缘有较明显的唇瓣化，捧面有不少幅面尚未白肉质化。只能称为“花捧”。

浙江 应国辉栽培

▲**建文蝶**
本品为赤转绿壳类蕙兰捧蝶花佳品。2001年3月于河南洛阳下山。它三萼片稍短阔，姿端色翠；双捧完全唇瓣化，形短阔，端圆基阔，缘镶白覆轮，缀斑红艳。

浙江 王建设栽培

◀**金龙蕊蝶** 本品为赤转绿壳类蕙兰捧蝶花。它除了花瓣完全唇瓣化之外，个别萼片也有部分唇瓣化。唇瓣化之萼捧姿态活泼，缀斑绚丽。

浙江 林申燎栽培

8 肩蝶类

Jiandielei

161 〉〉〉 162
肩蝶类 〉〉〉 肩蝶类

▲**五虎蝶** 本品为赤壳类蕙兰肩蝶花珍品。2003年冬于湖北下山。它为直立半弓垂叶态，叶较阔长，叶断面呈“U”字形。花莛出架，朵朵朝天而开，形如舷梯、步步登云，寓意深长。它的肩萼唇瓣化程度高达三分之二萼幅。花色绚丽，花香四溢。

浙江 丁天其栽培

▲**绿林豹蝶** 本品为湖北京山县产之赤转绿壳类蕙兰肩蝶花。肩萼片唇瓣化高达三分之二萼幅，缀斑鲜丽。

湖北 刘京秋、刘京军、包东平栽培

▲**振兴蝶**

本品为2001年4月于湖北下山的赤转绿壳类蕙兰肩蝶花佳品。它为斜立半弓垂叶态，叶质厚、色绿，新芽嫩绿泛红筋麻，莛花5朵，肩萼唇瓣化过半，香气好。

浙江 谢纪林栽培

◀**内勾肩蝶** 本品为陕西产之赤转绿壳类蕙兰肩蝶花。它的肩萼斜垂，端朝里折勾，肩萼唇瓣化程度高达三分之二萼幅。缀斑鲜丽，花容端庄。

陕西 郭峰栽培

▲**国香艳蝶** 本品为绿壳类蕙兰肩蝶花。它萼片唇瓣化过半。色彩对比鲜明，花香浓郁。

江苏 刘万坤栽培，浙江 郑普法栽培

▲**滇池肩蝶** 本品为云南产赤转绿壳类蕙兰肩蝶花。它的肩萼唇瓣化程度高达三分之二，缀斑鲜丽。它的唇瓣呈葫芦形，缘镶白覆轮，多色相映成趣。

云南 孙智勇栽培

▲**欣蝶** 本品为赤转绿壳类蕙兰肩蝶花。它肩萼唇瓣化过半，缀斑对称而鲜丽。

江苏 单家欣栽培

▲**中华玉荷蝶** 本品为绿壳类蕙兰肩蝶花稀珍品。2004年，由浙江兰溪市的凌华选购于金华花市。它为斜立半弓垂叶态，叶中等长阔，莛花5～7朵。萼捧荷形，肩萼唇瓣化过半。花姿活泼，色彩对比鲜明，格外秀雅。蕙兰雪白花肩蝶甚为罕见，堪为稀珍品。

浙江 凌华栽培

9 奇花类

Qihualei

163 〉〉〉 166
奇花类 〉〉〉 奇花类

◀**顶天珍珠** 本品为赤转绿壳类蕙兰奇花稀珍品。它为古今未闻的离宗别谱的奇花，奇得使人不敢相信它是兰花。初看，颇似叶上果状花，其实，是由于本品的合蕊柱因子格外充盈也格外发达，而导致本品的萼片与唇瓣退化，而出现了合蕊柱逐节拔高，每节的花瓣上，各有一串总状合蕊柱群的奇观。每个花瓣上的合蕊柱，初为一个完整的合蕊柱，继而拔高，分生两个完整的合蕊柱，而后再拔高，分生1～2个完整的合蕊柱。这些合蕊柱和药帽，犹如一颗颗晶莹的珍珠，格外别致。巧夺天工，神妙造化，凝香聚瑞，令人称奇道绝。

浙江　丁天其栽培

▲**奇宝** 本品为云南产蕙兰变种“送春”之树形奇花素。它的子房拔高，逐节分生萼片，到了一定的高度后，其端部绽开数朵并生的多瓣素心奇花。花姿活泼，花色翠绿，一尘不染，清香四溢。

云南　王永明栽培

▲**红素菊** 本品为近年于四川下山之赤壳类蕙兰红素心奇花。它的合蕊柱已分裂异化成多个形态各异的小花瓣，云集于花心部；唇瓣也异化成花瓣，共构成了菊形奇花。花色红艳，无杂染。

四川　邓少康供照

◀**绿云牡丹** 本品为近年下山的赤转绿壳类蕙兰奇花新品。它的合蕊柱分裂异化成多个木耳状的小花瓣，云集于花心部，唇瓣也异化成花瓣样，共构成如墨兰“绿云”样的奇花。

浙江　凌华栽培

▲**发菊**　本品为赤转绿壳类蕙兰素心奇花。它的合蕊柱分裂异化成众多的小花瓣云聚于花心部，萼片、花瓣增生共8片，呈轮状排列，而成为菊形素心奇花。

《魅力兰花》编辑部供照

▲**三星拱照**　本品为四川产绿壳类蕙兰奇花佳品。本品由于每朵花的合蕊柱拔高，而后分裂异化成3朵多瓣奇花。

《魅力兰花》编辑部供照

▲**观音手**　本品为河南洛阳产之绿壳类蕙兰多蕊柱足节奇花。它为斜立半弓垂叶态，叶断面“V”字形，质厚糯，色深绿，叶面有银斑。它的合蕊柱拔高后，分裂为多个蕊柱并在柱基分生花瓣，而有多瓣之奇观。2002年获浙江省首届蕙兰博览会金奖。

浙江　卢秀福栽培

▲**雄鹰**　本品为贵州产之赤转绿壳类蕙兰少瓣奇花。它的花瓣退化，侧萼片呈飞态，中萼片遮盖合蕊柱，形似雄鹰之头。全花略似展翅翱翔的雄鹰而为名。这种少而有象形之少瓣奇花，尚有较高的观赏价值。

贵州　谭成君栽培

▲**福蕙奇** 本品为赤转绿壳类蕙兰奇花。它的子房拔高，花葶增生，合蕊柱分裂成2～3朵多瓣奇花。

福建　陈永强栽培，许奇摄影

▲**圆环素菊** 本品为赤转绿壳类蕙兰菊形奇花。本品的唇瓣异化为花瓣，使花朵外轮呈现6瓣圆环。花心部系由于合蕊柱分裂异化而成的形态各异的小花瓣，组成形态别致的花朵。花形曲皱飘逸，神韵超凡。

广东　陈少敏栽培

▲**秦岭奇蕙** 本品为陕西秦岭下山之赤壳类蕙兰多瓣奇花佳品。它的合蕊柱分裂异化成多个小花瓣，萼片、花瓣、唇瓣也随之同时增生。花姿活泼，色彩富丽。

陕西　郭峰栽培

▲**福美奇**

本品为云南产赤壳类蕙兰奇花。由于它的合蕊柱已分裂异化，而有多萼、多瓣、多鼻、多舌之奇观。它的造型有如向日葵。花色富丽，风采不凡。

云南　李永福栽培

▶**多花蕙兰** 本品为四川产之赤转绿壳类蕙兰莛多花品种。本品莛花多达40余朵，前所未闻。它的花序也由总状花序异化成轮生花序，难能可贵。

四川　徐厚远栽培

▲**文秀奇蕙** 本品为新下山之绿壳类蕙兰朝天开的菊形奇花。它的合蕊柱已经拔高，柱基四周小花瓣增生。

浙江 葛伟文供照

▲**云蕙菊** 本品为绿壳类蕙兰奇花。它的合蕊柱高度分裂异化，柱基木耳状小花瓣增生，唇瓣花瓣化，共组成菊形奇花。

浙江 王德仁等栽培

◀**奥运蕙菊** 本品为2008年自浙江下山之绿壳类蕙兰奇花。正逢北京奥运会之春下山，为纪念而为名。它萼片增生，唇瓣花瓣化，合蕊柱分裂异化，柱基木耳状小花瓣增生。

浙江 林申燎栽培

▲**层层多**

本品为浙江新昌产之绿壳类蕙兰奇花。它花莛下部的花，为8瓣双舌；往上，一朵比一朵更多瓣多舌，最顶部的一朵花瓣数多达18瓣，且部分瓣有唇瓣化。这种越上越发达之奇观，给人上进的启迪，风韵不凡。

浙江 潘金辉栽培

10 水晶艺类

Shuijingyilei

▲晶轮花　本品为四川会理县下山之蕙兰变种“送春”的水晶覆轮花。从萼片、花瓣缘可看到它的晶白色覆轮艺的边界不整齐，且有浪曲皱卷的迹象。这就说明是水晶艺花而不是线艺花。

四川　孟显荣栽培

▲龙凤送春　本品为四川绵阳北川县下山之蕙兰变种“送春”的水晶艺兰。它叶端有水晶爪（嘴），叶缘有水晶艺边和线条。爪艺水晶美称凤型水晶，边线水晶美称龙型水晶，本品兼而有之。故而名为“龙凤送春”。

四川　王中祥、吴明、毋林贤栽培

◀绿晶塔　本品为云南产之蕙兰水晶艺花佳品。它的合蕊柱拔高，分裂异化而成塔状花上花又花的奇观。它的花被多处缀有水晶珠，瓣缘褶卷、倒钩。造型奇特，风采独存。

云南　段思贵栽培

▲吴氏晶龙　本品为贵州产之蕙兰龙型水晶艺佳品。本品的株叶在龙型水晶艺的作用下，收缩、褶卷、翻扭，风韵绰约。

贵州　吴茂成栽培

▶俊龙　本品为四川会理县下山之蕙兰变种“送春”的大中透水晶艺品。

四川　兰俊栽培

张长林供照

11 花艺类

Huayilei

▲**红唇白鹤** 本品为四川产绿壳类蕙兰花艺佳品。红花柄，雪白花，鲜红唇瓣。全花犹如一群红唇白鹤在腾飞，璀璨明净，妩媚秀丽，灿然动人。曾获中国第三届花博会金奖。

四川 徐厚远，福建 许东生栽培

▲**彩云龙** 本品为四川产之蕙兰变种"送春"的花艺佳品。它的萼捧挺飘翻卷，花姿如龙腾飞，分段着色泛晕，恰似雨后彩虹，十分秀丽。

四川 徐厚远栽培

▲**朱红花** 本品为赤壳类蕙兰朱红色花艺品。它的唇瓣形似镶金边的灯笼，十分别致。

浙江 凌华栽培

▲**金彩绣球** 本品为安徽金寨山产之赤转绿壳类蕙兰花序异化的花艺品。它一改兰花的总状花序为头状花序，多朵花聚生于花莛端顶而成了绣球状花。

安徽 王明生栽培

▲**血红花** 本品为我国西部产之赤壳类蕙兰血红花。鲜艳可爱。

江苏 陈士友栽培